基础编织，简单易做

用纸藤编织
25 款时尚素雅的提篮

日本宝库社　编著

陈亚敏　译

河南科学技术出版社
·郑州·

手编提篮的魅力 外形美观，魅力四射。

非常轻便

下图所示的提篮大约是 2 个鸡蛋的重量。因为材料是再生纸等，所以随身携带非常轻便。涂抹胶水之后黏合牢固，结实耐用。

物美价廉

纸藤的魅力之一就是成本低。比起一般商店或者手工艺品店销售的提篮，用纸藤制作的提篮价格实惠很多。手编提篮种类繁多，欢迎挑战一下哟！

使用方便

本书作品便于随身携带使用。作为收纳篮子使用的，打扫卫生时，移动起来也比较方便。平时也可挂起来，方便实用。

选色自由

纸藤不同于竹子、藤条等，颜色比较丰富。使用深颜色的纸藤编织的提篮比较耐脏。夏天使用的提篮可采用亮颜色的纸藤制作，搭配夏季服装，非常好看。

目录

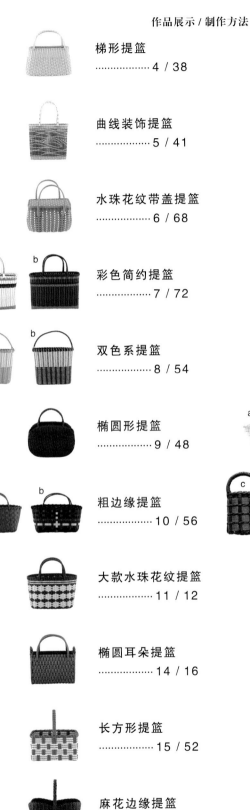

3

梯形提篮

提着是这样的感觉哟!

在粗纸藤的上方交叉编织细纸藤，做成一款外观非常精美的提篮，既有品味又结实耐用。在提手处，如图所示可系上丝巾或者印染花布等做装饰。

制作方法 >> 第 38 页

设计者 >> 古木明美

提供材料 / 植田产业 (股份有限公司)

值得一提的亮点

别具一格、非常有个
性的一款提篮。

曲线装饰提篮

如图所示，横向纸藤宛如我们散步一样，可以
随心所欲地编织。这样编织出来的提篮在世界
上绝对是独一无二的。可以使用 2 种颜色的纸藤，
也可使用 1 种颜色的纸藤，成品会非常精致哟！

制作方法 >> 第 41 页
设计者 >> Kirimo

提供材料 / 植田产业（股份有限公司）

提着是这样的感觉哟！

水珠花纹带盖提篮

侧面和盖子，都做成了水珠花纹。盖上盖子可以防止提篮里进灰尘，还可以遮盖提篮里面的东西。可作为放裁缝工具等的工具箱，也可作为午饭便当篮、儿童的随手小提篮等。

制作方法 >> 第68页

设计者 >> 古木明美

提供材料 / 植田产业 (股份有限公司)

提着是这样的感觉哟!

如果把盖子的背面朝上，如图所示，盖子素色无花纹，给人一种素雅的感觉。

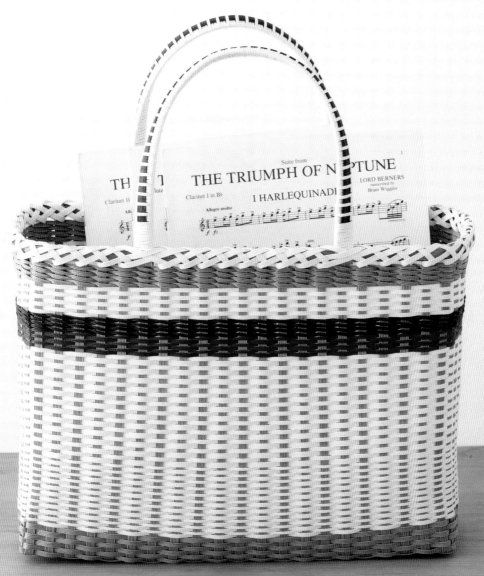

彩色简约提篮

我看到形象设计师手提该款提篮，一见钟情，瞬间想做个同款的提篮。该款提篮可随身携带，还可放入比 A4 纸大一点的乐谱、音乐基本教程之类的物品。

制作方法 >> 第 72 页
设计者 >> 川村智子

提供材料 / 植田产业（股份有限公司）

a

拎着是这样的感觉哟！

不同颜色

b

值得一提的亮点

单提手的提篮，搭配小布包，层次清晰。

a

提着是这样的感觉哟！

双色系提篮

提篮开口处几乎没有边缘，是非常平整的一款提篮。平时可作为随身小手包携带，非常方便。

制作方法 >> 第 54 页

设计者 >> Kirimo

提供材料 / 植田产业（股份有限公司）

b

不同颜色

值得一提的亮点
边缘处编织装饰花边，
看起来非常精致可爱。

椭圆形提篮

看似小巧的提篮，非常结实哟！可放入长钱包，
非常方便。采用圆形编织法，软软的提手更提
升了篮子的可爱度。

制作方法 >> 第48页
设计者 >> 古木明美

提供材料 / 植田产业（股份有限公司）

提着是这样的感觉哟！

采用 3 种颜色的纸藤，按照相同
方法编织时，可编织出十字花纹。

a

b

粗边缘提篮

该款提篮收纳力强，用途广泛。比如行李多时或
者聚餐时，使用非常方便。也可储存食材，还可
作为报刊收纳筐使用。

制作方法 >> 第 56 页

设计者 >> Kirimo

提供材料 / 植田产业（股份有限公司）

提着是这样的感觉哟！

值得一提的亮点

这是大人、小孩都喜欢的大款水珠花纹式样的设计。

\提着是这样的感觉哟!/

大款水珠花纹提篮

将提篮开口轻轻摁压下去,可扩大使用空间。它具有非常适合外出携带的尺寸,可爱至极。放入打扫工具,可作为室内装饰。

制作方法 >> 第12页
设计者 >> 古木明美

提供材料 / 植田产业 (股份有限公司)

大款水珠花纹提篮

彩图 >> 第 11 页　　※ 提篮的制作工具和准备事项参照第 26、27 页。材料、需要准备的相应股数和根数的纸藤、平面裁剪图均参照第 85 页。

● **制作方法**　　※ 为了清晰可见，纸藤的颜色有所改变。

裁剪、分割纸藤

①

参照平面裁剪图，裁剪、分割指定长度的纸藤。在①~③横绳、2根④竖绳的中心处做上标记。

>> **参照第 27 页裁剪、分割纸藤**

编织椭圆形底部 >> 参照第 29 页椭圆形底部

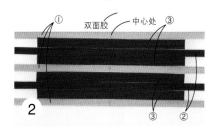
2

把双面胶粘贴到切割垫上，如图所示把①~③横绳的中心处对齐在一条线上，摆放到一起，注意不留缝隙。

>> 参照第29页椭圆形底部的步骤1

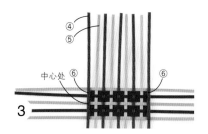
3

把④、⑤竖绳如图所示放上去，再粘贴上⑥收尾绳。

>> 参照第29、30页椭圆形底部的步骤2~5

编织侧面

竖绳
6

将四周的编绳直立竖起，成为竖绳。

>> 参照第31页竖起编绳

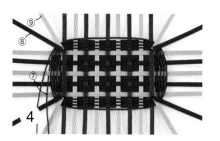
4

使用2根⑦编绳，进行4圈（8行）直编。编绳暂不剪掉。在提篮底部的4个角处粘贴上⑧、⑨插入绳。

>> 参照第33页直编法、第30页椭圆形底部的步骤7

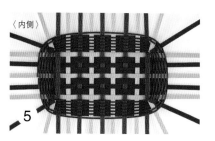
〈内侧〉
5

继续使用步骤4的⑦编绳，进行2圈（4行）直编。裁剪掉多余的编绳，并把裁剪之后的编绳末端粘贴到竖绳上。椭圆形底部编织完成。

>> 参照第30页椭圆形底部的步骤8

2行
7

使用2根⑩编绳进行2行套编。

>> 参照第32页套编法

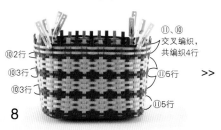
⑪、⑩交叉编织，共编织4行
⑩2行
⑩3行
⑩3行
⑪5行
⑪5行
8

使用⑩、⑪编绳进行27行套编。

>>

用力摁压底部的竖绳，使编绳之间紧凑，不留缝隙（注意底部和侧面之间尽量不要留有缝隙）。

处理边缘

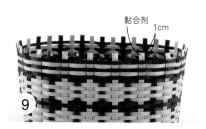
黏合剂
1cm
9

竖绳如图所示留出1cm后，裁剪掉多余的部分。外侧涂上黏合剂。

重叠粘贴固定
⑫
顶端对齐
10

粘贴1圈⑫边缘外用绳，两端重叠粘贴固定。

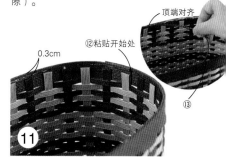
顶端对齐
⑫粘贴开始处
0.3cm
⑬
11

边缘内侧0.3cm的部分涂上黏合剂，然后粘贴1圈⑬边缘处理绳。粘贴开始处要和⑫边缘外用绳对齐，粘贴结束处与粘贴开始处重叠粘贴固定后，裁剪掉多余的部分。

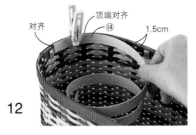

对齐　顶端对齐　⑭　1.5cm

12

边缘内侧1.5cm的部分涂上黏合剂，然后粘贴⑭边缘内用绳。粘贴开始处要和⑬边缘处理绳对齐，粘贴结束处与粘贴开始处重叠粘贴固定。

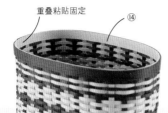

重叠粘贴固定　⑭

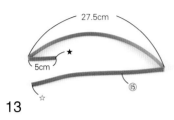

27.5cm　★　5cm　☆　⑮

13

把⑮提手内用绳的2处如图所示折叠。

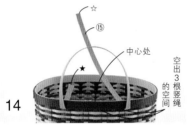

☆　⑮　中心处　★　空出3根竖绳的空间

14

把⑮提手内用绳的两端从外侧向内侧穿进去。

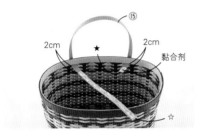

⑮　2cm　★　2cm　黏合剂　☆

如图所示内侧折痕的两端分别空出2cm后，涂上黏合剂。

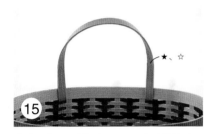

★、☆

15

粘贴固定★一侧。把☆和★先对接粘贴固定之后，再粘贴固定整体。

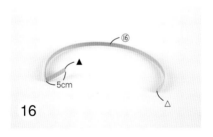

⑯　▲　5cm　△

16

把⑯提手外用绳的一端如图所示折叠。

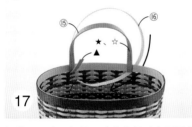

⑮　⑯　★☆　▲

17

把⑯提手外用绳的两端在⑮提手内用绳的位置从外侧向内侧穿进去。

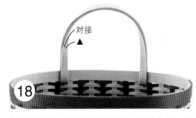

对接　▲

18

在⑯提手外用绳的背面全涂上黏合剂，然后把⑯提手外用绳包裹着⑮提手内用绳粘贴固定，对接固定▲处。最后裁剪掉△处（参照步骤16图）多余的编绳。

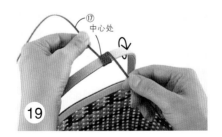

⑰　中心处

19

把⑰提手缠绕绳和提手的中心处对齐，向两端紧紧地缠绕。

20

缠绕结束处如图所示穿进⑮提手内用绳里，在⑰提手缠绕绳的背面涂上黏合剂，拉紧后，在提手根部裁剪掉多余的部分。

21

另一只提手也按照步骤13~20的方法制作。

完成

约15.5cm　约24cm　约13cm

值得一提的亮点
椭圆形侧面，看起来
可爱精致。

提着是这样的感觉哟!

椭圆耳朵提篮

编织 2 个椭圆形侧面，对齐之后，中间只需要
穿上纸藤即可。花纹素净，搭配平时衣着，极
其精致。还可搭配浴衣，大小也合适。

制作方法 >> 第 16 页
设计者 >> 古木明美

提供材料 / 植田产业 (股份有限公司)

值得一提的亮点

北欧风色系，易于搭配。也适用于室内装饰。

拿着是这样的感觉哟！

长方形提篮

该款提篮编织方法简单，在纸藤的颜色和宽度上稍下功夫搭配，即可编织出时尚的花纹。长方形提篮可用来装便当，也可装一些日用品。

制作方法 >> 第 52 页

设计者 >> Kirimo

提供材料 / 植田产业（股份有限公司）

椭圆耳朵提篮 彩图 >> 第 14 页　　※ 提篮的制作工具和准备事项参照第 26、27 页。材料、需要准备的相应股数和根数的纸藤、平面裁剪图均参照第 86 页。

● 制作方法　※ 为了清晰可见，纸藤的颜色有所改变。

裁剪、分割纸藤

参照平面裁剪图，裁剪、分割指定长度的纸藤。在①横绳距一端6cm处做上标记。4根③竖绳的中心处做上标记。

>> 参照第27页裁剪、分割纸藤

编织 2 个椭圆形底部 >> 参照第 29 页椭圆形底部

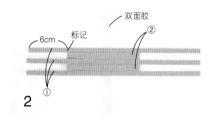

2

把双面胶粘贴到切割垫上，把①、②横绳并列摆放到一起。其中①横绳的标记与②横绳的一端对齐。

>> 参照第29页椭圆形底部的步骤1

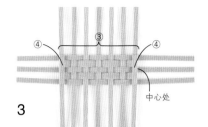

3

放上③竖绳，粘贴上④收尾绳。

>> 参照第29、30页椭圆形底部的步骤2~5

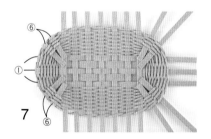

4

使用2根⑤编织，进行4圈（8行）直编，编绳暂不剪掉。

>> 参照第33页直编法

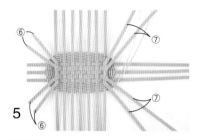

5

在①横绳短的一侧粘贴上⑥插入绳，在①横绳长的一侧粘贴上⑦插入绳。

>> 参照第30页椭圆形底部的步骤7

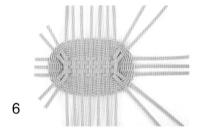

6

继续使用步骤4的⑤编织，进行3圈（6行）直编，然后进行1行扭编。之后裁剪掉多余的编绳，并把裁剪之后的编绳末端粘贴到竖绳上。

>> 参照第30页椭圆形底部的步骤8、第34页扭编法

编织前、后面和篮底

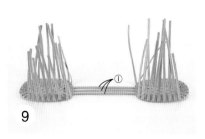

7

把3根短的一侧的①横绳和4根⑥插入绳，共计7根，一折向内侧，然后插入直编的编绳里。按照步骤2~7再编织1个椭圆形底部。

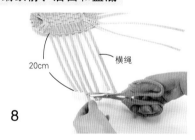

8

四周伸出来的编绳留出20cm后裁剪。裁剪之后的编绳成为横绳。

将横绳尽量直立竖起。同样方法处理另一个椭圆形底部。

>> 参照第31页竖起编绳

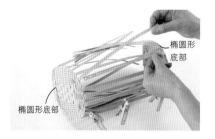

9

把6根①横绳对齐粘贴固定。

紧接着把椭圆形底部如图所示面对面摆放，使其竖起。把左侧剩余的横绳放在上面，与右侧的对齐粘贴固定。

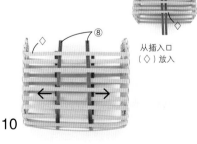

10

把2根⑧竖绳如图所示左右分开从插入口放进去，相对于横绳而言，交叉摆放。

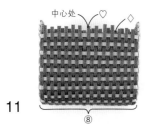

>>

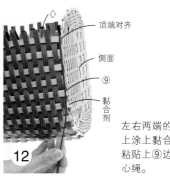

11

剩余的⑧竖绳也按照同样的方法每次2根和横绳交叉放进去。最后1根(♡)插入中心处,其顶端粘贴固定(仅♡)。使⑧竖绳往中心处靠拢(左右两端稍微空一点)。

左右两端的横绳上涂上黏合剂,粘贴上⑨边缘中心绳。

12

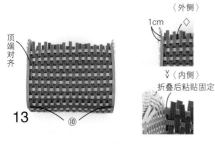

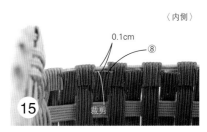

13

把⑩边缘外用绳粘贴到⑨边缘中心绳上,上端多留出1cm,然后裁剪掉多余的部分。多留出的1cm部分向内侧折叠后粘贴固定。

14

把外侧的⑧竖绳如图所示多留出1cm后裁剪掉多余的部分。多留出的1cm部分宛如包裹着最上面1行的横绳一样,朝内侧折叠后粘贴固定。

15

把内侧的⑧竖绳如图所示从边缘下方0.1cm处裁剪后粘贴固定。

安装提手

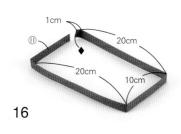

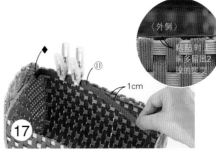

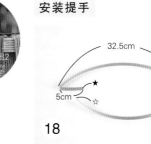

16

在⑪边缘内用绳的4处如图所示折叠。

17

如图所示在边缘内侧1cm处涂抹一圈黏合剂,粘贴上⑪边缘内用绳。

18

在⑫提手内绳的2处如图所示折叠。

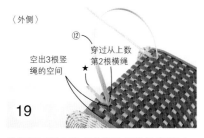

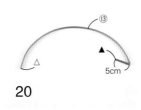

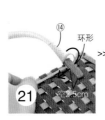

19

参照第13页大款水珠花纹提篮的步骤14、15安装⑫提手内用绳,从外侧穿向内侧,穿过1根横绳,在外侧粘贴固定。

20

把⑬提手外用绳的一端如图所示折叠。

21

参照第13页大款水珠花纹提篮的步骤17~21安装⑬提手外用绳,缠上⑭提手缠绕绳。在插入口的位置涂上黏合剂,把提手的内侧粘贴固定到插入口的位置上。

值得一提的亮点
边缘、提手处编织装
饰花边，尤其可爱。

持着是这样的感觉哟!

麻花边缘提篮

左右边缘处采用引返编织法，形成柔和的曲线，
使提篮更雅致。单提手，可在婚礼等正式场合
携带。

制作方法 >> 第79页
设计者 >> 古木明美

提供材料 / 植田产业 (股份有限公司)

可作为盆栽篮子使用，非常搭配哟！

提着是这样的感觉哟！

船形提篮

该款提篮可搭配浴衣、洋装，宽边缘使其使用起来非常方便。单独摆放到地板上有点单调，放入一双拖鞋什么的点缀一下更好哟！

制作方法 >> 第 62 页
设计者 >> Kirimo

提供材料 / 植田产业（股份有限公司）

19

虽然该款提篮不属于基本款，
但是值得挑战一下哟！

斜编式提篮

该款提篮采用斜编式编织方法，编织得紧凑有序，外形美观。宛如竹子材质的提篮，呈现独特的高级感。搭配自由，便于携带。

制作方法 >> 第 64 页

设计者 >> 川村智子

提供材料 / 植田产业（股份有限公司）

提着是这样的感觉哟！

内口袋里可放零碎物件。

可搭配包袱袋。

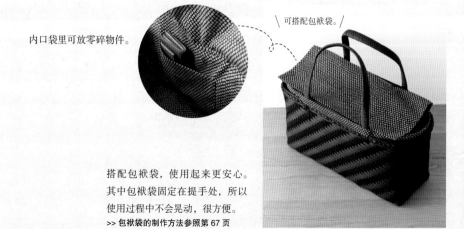

搭配包袱袋，使用起来更安心。其中包袱袋固定在提手处，所以使用过程中不会晃动，很方便。

>> 包袱袋的制作方法参照第 67 页

值得一提的亮点
双提手交叉编织，设计独特时尚。

\提着是这样的感觉哟!/

双提手提篮

这款提篮编织时采用了中间粗线条、外形呈椭圆形的设计。可收纳平时的零碎物件。建议使用 2 种颜色对比鲜明的纸藤制作。

制作方法 >> 第 59 页
设计者 >> Kirimo

提供材料 / 植田产业 (股份有限公司)

丝带装饰提篮

素雅的设计，点缀着具有立体感的可爱的大丝带，它是适合成人的一款提篮。制作丝带只需要不断重复地引返编织，比想象中要简单很多哟！

制作方法 >> 第 44 页
设计者 >> 川村智子

提供材料 / 兔屋 (股份有限公司)

拎着是这样的感觉哟!

值得一提的亮点
稳重色系的提篮，成熟大方。手提、肩背均可。

圆底提篮

这是一款 3 色组合的精美提篮。收纳力强，适合一晚旅行使用。可收纳盖膝毯、长披肩、海报等长物件，也可用作废物篓。

制作方法 >> 第 76 页
设计者 >> 川村智子

提供材料 / 兔屋（股份有限公司）

a

\ 可搭配包袱袋。/

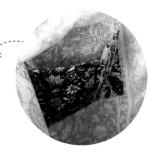

包袱袋的内口袋里可放笔等小物件，非常方便。

搭配包袱袋，使用起来更安心。其中包袱袋固定在提手处，所以使用过程中不会晃动，很方便。

>> 包袱袋的制作方法参照第 78 页

\ 提着是这样的感觉哟！/

b

不同颜色

a

b

e

c

d

\ 非常别致! /

迷你提篮

这里介绍几款使用多余的纸藤制作的迷你提篮。一般大约 1m 长的
纸藤就可编织小款的提篮哟！其简单易制，开始制作吧！

制作方法 >> 第 37、82、83 页

设计者 >> 古木明美 (a、b、d)、Kirimo (c、e)

提供材料 / 植田产业 (股份有限公司)

迷你提篮针插

使用自己喜欢的布搭配制作。作为礼物，收到的人也会非常开心哟！

制作方法 >> 第 84 页

迷你提篮装饰物

如图所示，可在迷你提篮的提手上穿上皮革绳，然后装饰到包包或者钥匙扣上。

各种创意迷你提篮

小提篮稍加变化，每天都会有不一样的感觉哟！

牙签筐

它非常适合放牙签。手工制作，给餐桌带来满满的温暖。

迷你提篮胸针

使用金属专用黏合剂，在提篮的背面安装上胸针饰针。可装饰到包包或者日常衣物上，漂亮极了！

工具和材料

工具和材料并不特别，一般家里都会有的。

材料

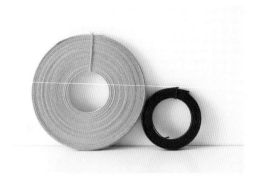

实物大小

纸藤

纸藤比再生纸细，1根呈现扁平状，成束的通过黏合剂可以卷成卷。各种宽度的都有。本书用到的是用12股细环保材质带加工成的纸藤（宽约15mm）。每卷长度分别为5m、10m、30m。制作时，注意每个作品对材料的要求有所不同。

※还有比一般纸藤更细的轻型纸藤，适合斜纹式编织或者花样编织。但是有强度、韧性，竖立感强的还是一般的纸藤。

12股宽

各种工具

剪刀

裁剪各种纸藤、剪切口时使用。

PP带

分割纸藤时使用。因为PP带属于消耗品，所以多准备几条5cm长度的。DIY商店有成捆出售的。

卷尺、直尺

用来辅助裁剪纸藤或者测量长度。其中直尺还可用于竖起提篮底部的纸藤（参照第31页）。

自动铅笔（或者普通铅笔）

用来做标记。

双面胶

制作提篮底部时粘贴上，防止编织错位。

洗晒夹

用来固定粘贴后或者编织时的纸藤。准备10个左右。

遮蔽胶带

用来捆扎纸藤。一般文具商店有售。

黏合剂

用来粘贴纸藤，晾干后呈透明状，速干性好。

一字螺丝刀

边缘编织时，可将一字螺丝刀插进纸藤的叠压处，留出缝隙，便于插入其他纸藤。

［更加方便的工具］

切割垫

制作提篮底部时使用。可沿着切割垫的纵、横纹摆放和粘贴纸藤，可粘贴成直角，防止倾斜。也可用夹有网格纸的硬板文件夹来替代。可在文具店购得。

NISU增光剂

根据个人喜好，可在完成后的作品上喷些NISU增光剂保护表面，增加表面的耐用性。建议使用水溶性透明款并且可以提升纸藤颜色亮度的增光剂。可在DIY商店购得。

提供／和信 PEINTO（股份有限公司）

制作准备

关于 "需要准备的相应股数和根数的纸藤" 和 "平面裁剪图" ［平面裁剪图］

请参照每个作品的"需要准备的相应股数和根数的纸藤"和"平面裁剪图",进行材料的准备。

"需要准备的相应股数和根数的纸藤"中的"6股宽 3根 长50cm",即准备3根长50cm的6股宽的纸藤。参照"平面裁剪图"可以高效率地进行裁剪。编织时因人而异,作品的尺寸可能会有所不同。

※为了清晰可见,平面裁剪图中的宽度和长度比例稍有不同。

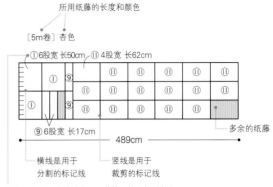

所用纸藤的长度和颜色

〔5m卷〕杏色

①6股宽 长50cm   ④4股宽 长62cm

⑨6股宽 长17cm

489cm

多余的纸藤

横线是用于分割的标记线

竖线是用于裁剪的标记线

纸藤的编号。裁剪结束后纸藤按照编号暂时保留

裁剪、分割纸藤

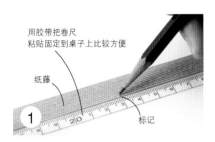

用胶带把卷尺粘贴固定到桌子上比较方便

纸藤

标记

1

参照"需要准备的相应股数和根数的纸藤"和"平面裁剪图",在所需长度的纸藤上做标记。

裁剪

2

沿着标记用剪刀裁剪。

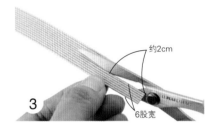

约2cm

6股宽

3

如图所示从剪开的纸藤的边缘数起,在第6和第7股之间的凹槽处用剪刀裁剪约2cm长的剪口。

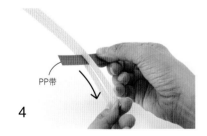

PP带

4

把PP带放入剪口里,一拉就可以分割开纸藤了。

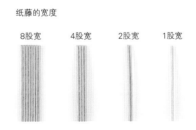

纸藤的宽度

8股宽   4股宽   2股宽   1股宽

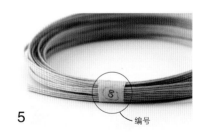

编号

5

把纸藤按照编号用遮蔽胶带捆扎起来。

27

编织基础

接下来分别介绍一下提篮底部、侧面的编织方法。参照第31页的编织要点，开始编织吧！

编织底部

方形底部

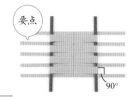

要点

步骤2中粘贴③竖绳时，注意和横绳垂直交叉摆放，这样编织会比较顺利，外形也美观。

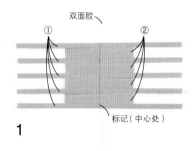

双面胶
①
②
标记（中心处）

1

把双面胶粘贴到切割垫上，把①横绳和②横绳交替摆放上去，使中心处在一条线上，注意不留缝隙。

※有时会有3种横绳。

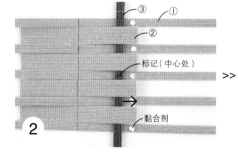

③
①
②
标记（中心处）
黏合剂

2

>>

把1根③竖绳交叉摆放到②横绳的下面。在①横绳的正面和②横绳的背面涂上少量黏合剂，把竖绳的标记与横绳的上下中心处对齐之后粘贴。

※另一侧也按照上述方法粘贴1根③竖绳。

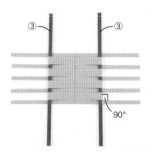

③
③
90°

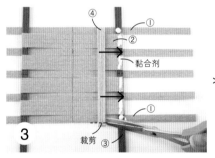

④
①
②
黏合剂
①
裁剪
③

3

把2根④收尾绳和①横绳上下对齐，裁剪。然后将其粘贴到③竖绳上。

>>

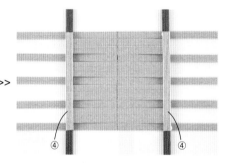

④
④

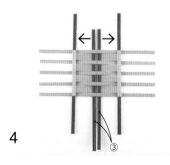

③

4

把剩余的③竖绳如图所示每2根一起和横绳交叉摆放到中心处，然后左右分开。

※如图所示，和步骤2放入的③竖绳交错摆放。

〈内侧〉
③
粘贴固定
①
粘贴固定
①

5

把最后1根③竖绳放入中间的位置。注意竖绳之间空距要均匀。把①横绳和③竖绳对齐粘贴固定。方形底部编织完成。

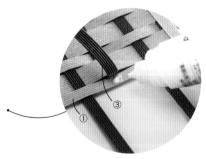

③
①
③

对齐粘贴固定可防止编绳错位，更容易编织。

圆形底部

要点
最上面的竖绳

步骤4中粘贴2根②编绳，其中1根粘贴到最上面的竖绳上，这样直编作品比较美观。

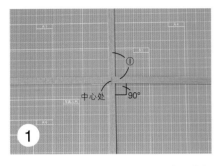

1

把2根①竖绳十字交叉摆放。把剩余的①竖绳也按照同样的方法摆放。

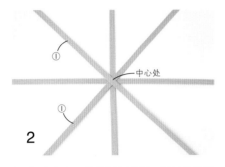

2

把2组十字交叉的编绳如图所示摆放并粘固定，注意使编绳之间的空距均匀。

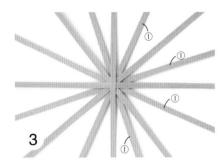

3

再把2组十字交叉的编绳如图所示摆放并粘贴固定，也要注意使编绳之间的空距均匀。

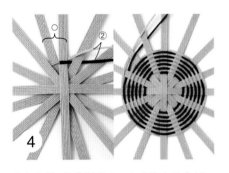

4

在相邻的2根①竖绳（○）上涂上黏合剂，把2根②编绳分别从一端粘贴。直编（参照第33页）指定的行数，编绳暂不裁剪。

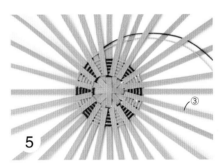

5

在③插入绳上涂上黏合剂，将其插到竖绳之间的缝隙里，黏合剂要涂在编绳的背面。

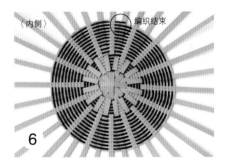

6

使用步骤4中的②编绳进行指定行数的直编。之后裁剪掉多余的部分，末端粘贴到竖绳上。圆形底部编织完成。

椭圆形底部

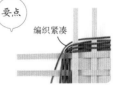

要点
编织紧凑

步骤6、8进行直编时，注意4个角、插入绳之间不要留缝隙，编织紧凑。

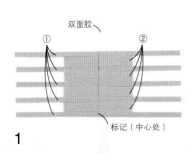

1

把双面胶粘贴到切割垫上，把①横绳和②横绳交替摆放上去，使中心处在一条线上，注意不留缝隙。

※有时会有3种横绳。

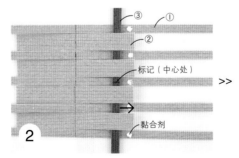

2

把1根③竖绳交叉摆放到②横绳的下面。在①横绳的正面和②横绳的背面涂上少量黏合剂，把竖绳的标记与横绳的上下中心处对齐之后粘贴。

※另一侧也按照上述方法粘贴1根③竖绳。

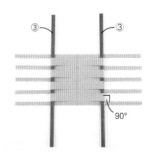

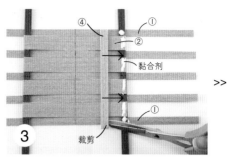 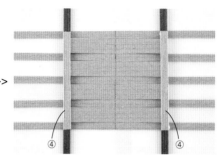

3 把2根④收尾绳和①横绳上下对齐，裁剪。然后将其粘贴到③竖绳上。

黏合剂

裁剪

4 把剩余的③竖绳如图所示每2根一起和横绳交叉摆放到中心处，然后左右分开。

※如图所示，和步骤2中放入的③竖绳交错摆放。

〈内侧〉

粘贴固定

粘贴固定

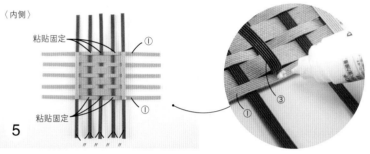

5 把最后1根③竖绳放入中间的位置。注意竖绳之间空距要均匀。把①横绳和③竖绳对齐粘贴固定。

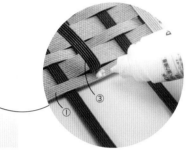

对齐固定可防止编绳错位，更容易编织。

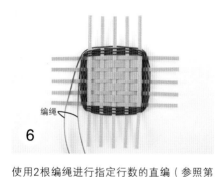

编绳

6 使用2根编绳进行指定行数的直编（参照第33页），编绳暂不裁剪。

※为了清晰可见，这里①~④采用了相同颜色的编绳。

1cm

插入绳

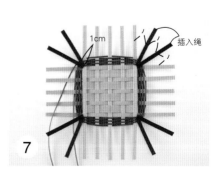

7 如图所示，在插入绳的一端1cm处涂上黏合剂，然后在4个角处（编绳的上方）分别均衡地粘贴上2根（或1根）插入绳。

编织结束

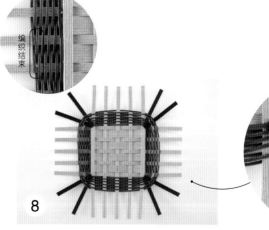

8 将步骤6中的编绳继续进行指定行数的直编或者扭编（参照第34页）。之后裁剪掉多余的部分，末端粘贴到竖绳或者横绳上。椭圆形底部编织完成。

插入绳

插入绳部分进行交叉编织。

编织要点   下面总结了纸藤的各种编织要点，建议在编织之前浏览一下！

● 捋平折痕

纸藤卷的时候有折痕，编织前用拇指和食指捏住，捋平后再编织。

● 涂抹黏合剂

黏合剂

纸藤边角料

使用纸藤边角料涂抹黏合剂，尤其是涂抹少量黏合剂时。

● 纸藤连接错时

使用熨斗熨烫，使黏合剂熔化，然后揭开纸藤再连接。连接前，一定要用水或者湿布把之前的黏合剂擦拭干净，再涂上黏合剂重新连接。

● 固定纸藤

先将长一点的纸藤打成圈，再用洗晒夹固定。编织时使用多长放开多长。

● 洗晒夹的用处

固定，直到黏合剂晾干。

可用来固定涂抹黏合剂后的纸藤，直到黏合剂晾干。另外，还可用来防止侧面的编织部分松开或者错位。编织中途停止时，使用洗晒夹固定一下也会比较方便。

防止纸藤朝外松开。

● 连接编绳

（内侧）

新编绳
竖绳（背面）

编织中的编绳末端

∨

（内侧）

竖绳（背面） 对接

把编织中的编绳在竖绳的背面裁剪，涂上黏合剂。将新编绳与竖绳对接上后，粘贴固定。

● 竖起编绳

直立竖起

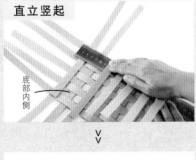

底部内侧

∨

相对于提篮底部而言，尽量垂直竖起。利用直尺把四周的编绳直立竖起。

缓冲竖起

底部内侧

∨

如图所示用手掌摁压，使编绳朝内侧处于弧形竖起状态。

编织侧面

套编法

要点

角 编绳连接处

均等

注意编绳的连接处不要
放在角的位置，同时竖
绳之间距离要均等。

〈外侧〉
竖绳
编绳
篮子底部
顶端的编绳
竖绳
（背面）
〈内侧〉

1

用洗晒夹把编绳的一端固定到竖绳的背面。
如图所示编织时，编绳和篮子底部顶端的编
绳错开交叉编织。

底部内侧
竖绳（背面）
约1cm

2

编织完1圈（1行）之后，编绳两端重叠粘贴
固定，第1行编织完成。其中编绳两端重叠
的长度大约为1cm。

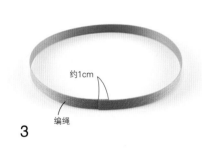

约1cm
编绳

3

剩余的编绳的一端和步骤2留出一样的长度
（约1cm），重叠粘贴固定，做成环。

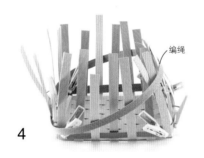

编绳

4

编织第2行。把步骤3中的环形编绳套到竖绳
上。

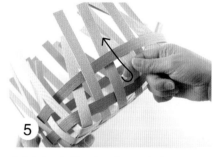

5

注意相邻2行错开交叉编织，拉出相应的竖
绳。

6

第2行编织完成。注意
编绳的连接处放在竖绳
的背面。

编绳连接处
〈内侧〉

7

>>

编织第3、4行时，套入编绳之后，摁压底部
的竖绳，使环形编绳之间间隔均匀。为了避
免环形编绳上移、松动，可用洗晒夹固定，
继续编织直到完成需要的行数。

直编法

要点

编织结束后再整理形状就
比较困难了,建议编织几
行之后,就注意一下编绳
之间的距离是否均匀,编
织时,时刻关注编织形状。

编织开始

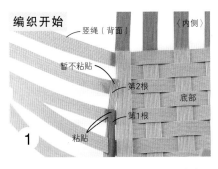

1

把2根编绳中第1根的一端错开摆放并粘贴到
第2根上,然后将编绳拉向外侧。最后再把
第2根粘贴到竖绳的背面。

※建议从侧面不太显眼的位置开始编织。

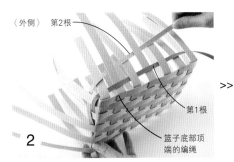

2

把第1根编绳和篮子底部顶端的编绳错开交
叉编织,然后第2根编绳和第1根编绳错开交
叉编织。

第2根宛如压着第1根一样,2根编绳呈现错
开状态,每一圈需要编织2行。

3

编织几行之后,摁压底部的竖绳,使环形编
绳之间间隔均匀。

编织结束

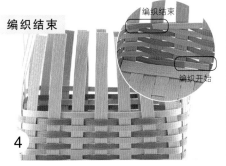

4

编织到指定行数之后,裁剪掉多余的编绳,
末端粘贴到竖绳的背面。把步骤1中编织开
始时的编绳也粘贴上。

要点

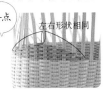

注意左右引返编织的形
状要相同。编织过紧时,
竖绳就会被拉伸,会破
坏整体的均匀感。

编入底部时

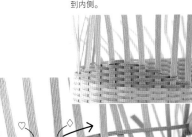

和前面步骤1~
4是一样的,编
织开始时如图
所示,编织结
束处粘贴到竖
绳或者横绳上。

如图所示,两端的竖绳只需要引返
编织1次,然后编织指定的行数。
最后裁剪掉多余的编绳,末端粘贴
到内侧。

引返编织法

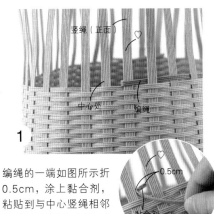

1

编绳的一端如图所示折
0.5cm,涂上黏合剂,
粘贴到与中心竖绳相邻
的竖绳(♡)的背面。

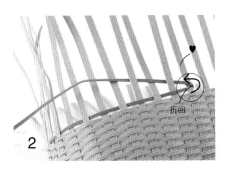

2

如图所示交叉穿过竖绳,直到指定位置的竖
绳(♥)。绕过该竖绳之后折回,继续交叉
编织。

3

和前1行编绳错开,如图所示绕过竖绳(♡)
之前的1根竖绳(◇),按照步骤2的方法折
回,继续交叉编织。

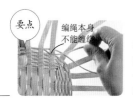

要点 编绳本身 不能缠绕

注意编织过程中编绳不能缠绕，基本保持从一个侧面观察编织情况的状态。

扭编法

编织开始

〈外侧〉 粘贴到背面 竖绳（正面）

编绳

1

把2根编绳如图所示错开粘贴到竖绳的背面，然后把它们拉向外侧。

※建议从侧面不太显眼的位置开始编织。

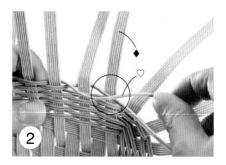

2

把外侧的编绳（♡）交叉绕到另一根编绳的上方。

3

把编绳（♡）绕过竖绳。

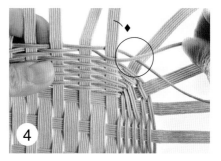

4

重复步骤2、3。

编织结束

〈内侧〉 编织开始处的编绳一端

竖绳（背面）

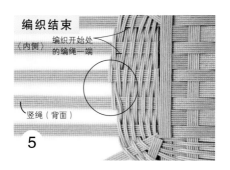

5

编织指定的行数之后，裁剪掉多余的编绳，末端粘贴到竖绳的背面。

反向扭编法

和扭编法的步骤一样，其中步骤2中需要把外侧的编绳交叉绕到另一根编绳的下方，然后绕过竖绳，反复交叉编织即可。

要点 编绳本身 不能缠绕

注意编织过程中编绳不能缠绕，基本保持从一个侧面观察编织情况的状态。编绳非常容易缠绕到一起，可用洗晒夹固定各编绳，这样编织起来比较顺畅。

3根绳编法

编织开始 〈内侧〉

竖绳（背面）

粘贴

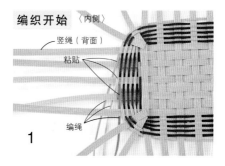

编绳

1

在3根竖绳的背面涂上黏合剂，把3根编绳如图所示对接般粘贴到竖绳上，注意一根一根地错开粘贴。然后把编绳拉向外侧。

※建议从侧面不太显眼的位置开始编织。

〈外侧〉 竖绳（正面）

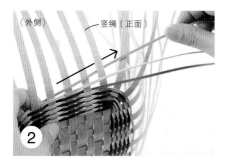

2

如图所示最左边的编绳绕过2根竖绳，从第3根竖绳的背面拉出。

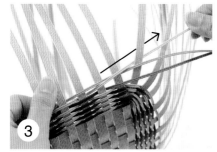

3

中间的编绳绕过2根竖绳，从第3根竖绳的背面拉出。

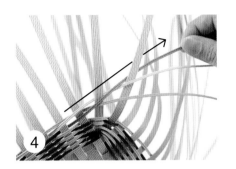

4

最右边的编绳绕过2根竖绳，从第3根竖绳的背面拉出。

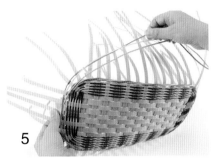

5

重复步骤2~4。

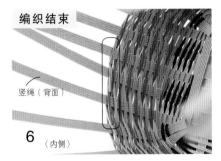

编织结束

竖绳（背面）

6 〈内侧〉

编织指定的行数后，裁剪掉多余的编绳，末端粘贴到内侧。

边缘编织法

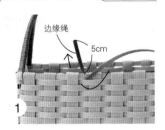

边缘绳

5cm

1

把边缘绳从最上面一行编绳的下方由外侧穿向内侧，拉出长5cm左右的边缘绳。

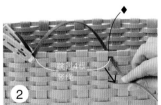

跳过4根竖绳

2

把边缘绳的另一端跳过4根竖绳，从最上面一行编绳的下方由内侧穿向外侧。

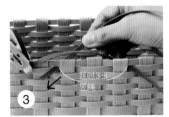

跳过3根竖绳

3

然后如图所示往回跳过3根竖绳，从最上面一行编绳的下方由内侧穿向外侧。

跳过4根竖绳

4

然后跳过4根竖绳，从最上面一行编绳的下方由内侧穿向外侧。

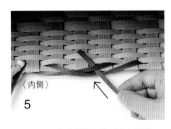

〈内侧〉

5

如图所示从内侧第2根斜渡绳的下方穿过编绳。

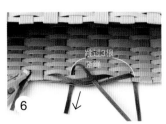

跳过3根竖绳

6

跳过3根竖绳，从最上面一行编绳的下方（图中篮子放平，显示为最下面一行编绳的上方）由内侧穿向外侧。

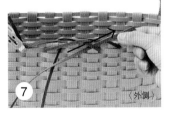

7 〈外侧〉

把编绳从外侧右边第2根斜渡绳的下方穿过。

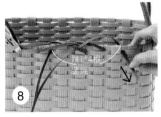

跳过4根竖绳

8

如图所示继续跳过4根竖绳，从最上面一行编绳的下方由内侧穿向外侧。

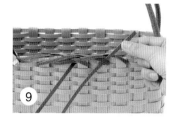

9

重复步骤5~8。

10

提手部分也重复步骤5~8，编绳穿过提手的内侧拉出，然后绕过外侧后返回。

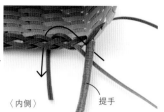

〈内侧〉　提手

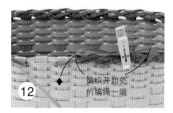

提手

11

绕过提手的外侧，穿到内侧返回。

〈外侧〉

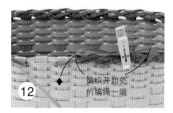

12　编织开始处的编绳一端

编织到接近编织开始处时，把开始保留的长5cm左右的编绳拉到外侧，和编织开始处的编织部分重叠起来，用洗晒夹固定。重复步骤5~8，一直编织到编织开始的位置。

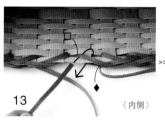

13　〈内侧〉

如图所示从内侧斜渡编织开始的编绳（□）的下方穿过，由内侧穿向外侧。

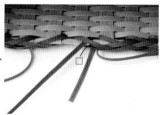

14　〈外侧〉

从外侧斜渡编织开始的编绳（■）的下方穿过，然后从内侧斜渡绳的顶端穿过编绳。

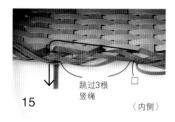

15　跳过3根竖绳　〈内侧〉

跳过3根竖绳，从内侧穿向外侧，从外侧斜渡绳的顶端穿过编绳。

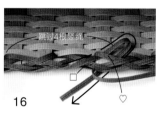

16　跳过4根竖绳

如图所示跳过4根竖绳，从内侧斜渡绳（♡）的下方穿过，穿向外侧。

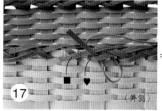

17　〈外侧〉

如图所示从外侧斜渡绳（♥）的下方穿过，穿过内侧斜渡绳（♣）的下方，跳过3根竖绳之后返回。

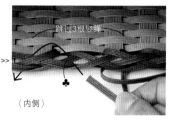

18　〈外侧〉

从外侧斜渡绳（♠）的下方穿过，拉紧编绳。

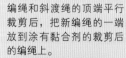

跳过3根竖绳　〈内侧〉

编绳连接时

编绳和斜渡绳的顶端平行裁剪后，把新编绳的一端放到涂有黏合剂的裁剪后的编绳上。

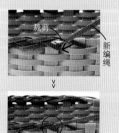

裁剪　新编绳

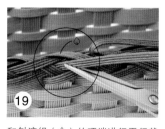

19

和斜渡绳（♤）的顶端进行平行裁剪。

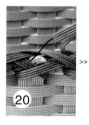

20

如图所示涂上黏合剂，把编织开始处的编绳一端穿过编织部分下方，和编织结束处的编绳粘贴固定，裁剪掉多余的编绳。

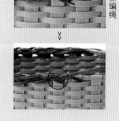

迷你提篮 a、b、d 彩图 >> 第24页 ※ 材料、需要准备的相应股数和根数的纸藤、平面裁剪图参照第84页。

● **制作方法** ※ 为了清晰可见，纸藤的颜色有所改变。 ※ 使用作品a进行解说。指定以外与b、d是共通的。

裁剪、分割纸藤

① 参照平面裁剪图，裁剪、分割指定长度的纸藤。在①、②横绳和④竖绳的中心处做上标记。

>> **参照第27页裁剪、分割纸藤**

编织底部

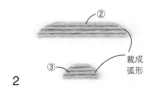

2 将②横绳和③收尾绳的2个角分别裁成如图所示的弧形。

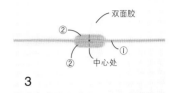

3 把双面胶粘贴到切割垫上，在①横绳的上、下分别摆放②横绳，中心处要对齐，编绳之间不留缝隙。

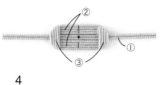

4 然后把2根③收尾绳粘贴到②横绳的两端。翻过来，再粘贴上2根③收尾绳。

编织侧面

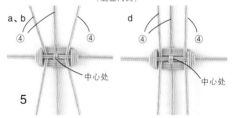

5 把3根④竖绳如图所示和横绳交叉放入，中间1根④竖绳的中心处和横绳的中心处要对齐。放入之后，作品a和b的左右两边的④竖绳稍微向外打开。

6 四周竖起的编绳成为竖绳。

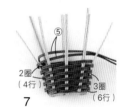

7
2圈（4行）
3圈（6行）

a用2根⑤编绳直编3圈（6行），然后稍微向外打开，再直编2圈（4行）。
b用2根⑤编绳稍微向外打开，直编7圈（14行）。接着竖直直编3圈（6行）。
d用2根⑤编绳稍微向内收缩，直编5圈（10行）。

>> **参照第33页直编法**

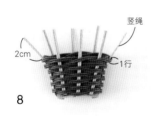

8 接着扭编1行（b是2行、d是1行）。裁剪掉多余的编绳，末端粘贴到内侧。竖绳留出2cm后裁剪。

>> **参照第34页扭编法**

9 把竖绳朝内侧折叠，宛如包裹着最上面1行的编绳。

用锥子等挑开编绳会比较容易插入。

10 把竖绳从第1行或者第2行插进内侧的编绳里。

安装提手

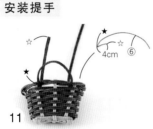

11 把⑥提手绳的一端折叠4cm（只有d为5cm）。把提手绳的两端从扭编部分的下方穿进去，从外侧穿向内侧。

※提手的安装位置参照第24页的彩图。

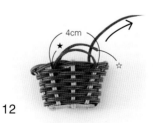

12 使提手与☆～★长度相同，然后拉编绳的另一端。

※只有d的提手长度为5cm。

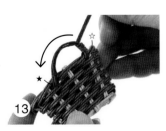

13 用多余的编绳从提手的一端紧紧地缠绕到另一端。

14 缠绕结束后编绳穿过提手根部的环形，内侧涂上黏合剂，然后拉紧，裁剪。另一只提手也按照步骤11～14制作。

| 完成 |

a 约2.5cm 约5.5cm
d 约2.5cm 约2.5cm 约4.5cm
b 约2.5cm 约5cm

梯形提篮 彩图 >> 第 4 页　※ 材料、需要准备的相应股数和根数的纸藤、平面裁剪图参照第 87 页。

● 制作方法　※ 为了清晰可见，纸藤的颜色有所改变。

裁剪、分割纸藤

参照平面裁剪图，裁剪、分割指定长度的纸藤。在①、②横绳和2根③竖绳的中心处做上标记。

>> 参照第27页裁剪、分割纸藤

编织椭圆形底部 >> 参照第 29 页椭圆形底部

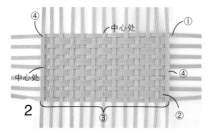

如图所示放上①、②横绳，插入③竖绳，粘贴④收尾绳。

>> 参照第29、30页椭圆形底部的步骤1~5

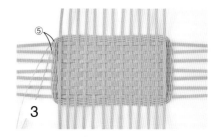

用2根⑤编绳进行3圈（6行）直编，编绳暂不裁剪。

>> 参照第33页直编法

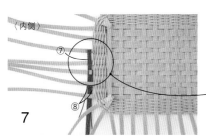

在4个角分别粘贴2根⑥插入绳，共计8根。

>> 参照第30页椭圆形底部的步骤7

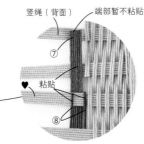

使用步骤3中的⑤编绳进行2圈（4行）直编，椭圆形底部编织完成。

>> 参照第30页椭圆形底部的步骤8

编织侧面

四周长长的编绳直立竖起，短一点的编绳缓冲竖起。竖起的编绳成为竖绳。

>> 参照第31页竖起编绳

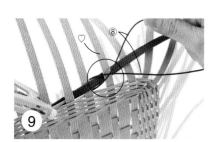

把1根⑦编绳粘贴到竖绳的背面。把2根⑧编绳和⑦编绳错开2根竖绳，空出⑦编绳的宽度后粘贴，编绳拉向外侧。

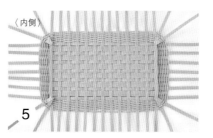

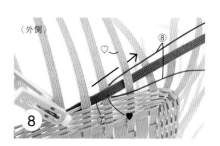

把⑦编绳绕过竖绳。

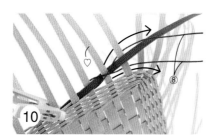

把⑧编绳在竖绳处进行交叉。

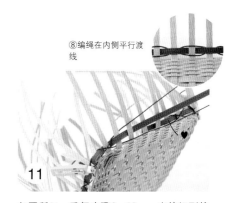

⑧编绳绕过竖绳的背面，拉向外侧。

如图所示，重复步骤8~10，一直编织到编织开始处左侧第5根竖绳处。

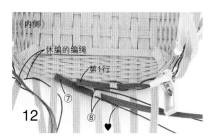

12

编织1行之后，⑦编绳和⑧编绳暂时休编。把1根新的⑦编绳和2根⑧编绳按照步骤7的方法粘贴到竖绳的背面。

13

重复步骤8～11，编织第2行。

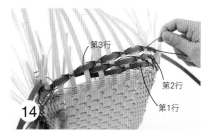

14

使用第1行休编的⑦编绳和⑧编绳进行第3行的编织，编织到和第1行相同的位置休编。然后使用第2行休编的⑦编绳和⑧编绳进行第4行的编织，编织到和第2行相同的位置休编。按照上述要领，编织12行。

※第11、12行的编织，一直到编织结束处。

15

使用一字螺丝刀把⑧编绳的交叉部分从第1行开始挑起，一直到第12行，均匀拉紧。

16

编织结束处裁剪掉多余编绳之后，粘贴到内侧。编织开始处的编绳一端也粘贴上去。

17

使用3根⑨编绳进行1行3根绳编。

>> **参照第34页3根绳编法**

处理边缘

18

使用2根⑩编绳进行7圈（14行）直编。使用3根⑪编绳进行1行3根绳编。

19

把竖绳像是包裹住最上面1行编绳一样，如图所示朝内侧折叠。

20

把竖绳从第1行或者第2行插进内侧的⑩编绳里。

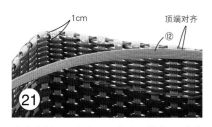

21

边缘内侧1cm处涂上黏合剂，粘贴1圈⑫边缘内用绳，两端重叠粘贴固定。

>>

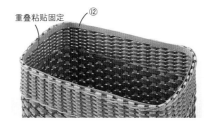

安装提手

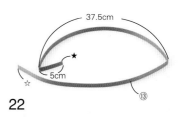

22

把1根⑬提手内用绳的2处如图所示折叠。

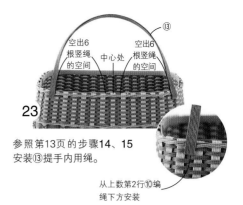

23

参照第13页的步骤14、15
安装⑬提手内用绳。

从上数第2行⑩编
绳下方安装

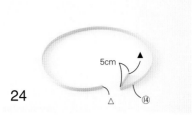

24

把⑭提手外用绳的一端如图所示折叠。参
照第13页的步骤17、18，把⑭提手外用绳
安装上。

5cm

△ ⑭

25

⑮

2入

参照第13页的步骤19，把⑮提手缠绕绳和
提手的中心处对齐，朝两端缠绕，注意不
留缝隙。缠绕结束后按照图中1～4的顺序，
将编绳交叉穿入。

>>

3 外
4 内

最后穿过顺序1的编绳下方，
拉出。

>>

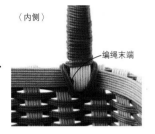

〈内侧〉

编绳末端

裁剪掉多余的编绳，粘贴到内侧。

26

完成

约
26.5cm

约16.5cm

约15cm 约28cm

另一只提手也按照步骤22～
25的要领制作。

圆形编织法

编织3~4cm后需要拉伸提手绳，
拉紧编好的部分。编织到一定
的长度后，留出所需的长度然
后松开，整理好形状。

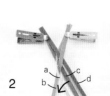

约5cm

a
c d
b

>>

1

把2根提手绳左侧的在上做成X
形，用洗晒夹固定。另外2根
也做成同样的X形。把2组X形
编绳重叠后重新固定，其中a
放到b和c之间。

a c
b d

2

把c放到b和a之间。

c
b d
a

3

把d从b和c之间穿过，放到c和
a之间。

b
c a
d

>>

4

把b从d和a之间穿过，放到c和
d之间。把a从c和b之间穿过，
放到b和d之间。

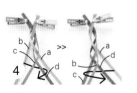

c d
b a

5

把c从a和d之间穿过，放到b和
a之间。

∨

重复步骤3~5，一直把提手绳
编织完。然后从两端解开，留
出指定的长度，完成提手的编
织。

3 股绳编织法

编织到一定的长度后，留出
所需的长度后裁剪掉多余部
分，整理好形状，这样比较
美观。

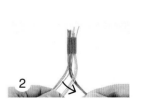

1

把9根绳的一端用遮蔽胶带
固定，分成3股。把左边3根编
绳放到中间3根编绳的上边，
然后插进右边3根编绳的下边。

2

把左边3根编绳放到中间3根编
绳的上边。

3

把右边3根编绳放到中间3根编
绳的上边。

标记 标记

指定的长度

黏合剂
标记
1cm 1cm

4

重复步骤2、3，
直至编织到末端，
末端用胶带固定。
从中间量取所需
的长度，然后在
两端做上标记，
在标记两侧各涂
上1cm长的黏合
剂，晾干。

标记

5

黏合剂完全晾干之后，两端沿
着刚才的标记裁剪掉多余的部
分。

曲线装饰提篮 彩图>>第5页

● 材料

纸藤（No.26/抹茶色）30m卷…1卷
纸藤（No.15/奶油色）5m卷…2卷

● 需要准备的相应股数和根数的纸藤
※指定颜色以外采用抹茶色。

①横绳	6股宽	9根	长76cm
②横绳	2股宽	8根	长24cm
③竖绳	6股宽	13根	长58cm
④收尾绳	6股宽	2根	长24cm
⑤收尾绳	6股宽	2根	长8.5cm
⑥插入绳	6股宽	24根	长26cm
⑦编绳	2股宽	2根	长380cm 奶油色
⑧编绳	2股宽	4根	长400cm 奶油色
⑨编绳	2股宽	2根	长310cm 奶油色
⑩边缘中心绳	6股宽	1根	长72cm 奶油色
⑪边缘外用绳	6股宽	1根	长73cm 奶油色
⑫边缘内用绳	6股宽	1根	长72cm 奶油色
⑬边缘钉缀绳	2股宽	1根	长220cm 奶油色
⑭提手外用绳	6股宽	2根	长80cm
⑮提手内用绳	6股宽	2根	长79cm
⑯提手缠绕绳	3股宽	2根	长240cm 奶油色
⑰提手锁边绳	2股宽	4根	长20cm 奶油色

● 平面裁剪图　　■ =多余部分

〔30m卷〕抹茶色

〔5m卷〕奶油色×2卷

● 制作方法

裁剪、分割纸藤

参照平面裁剪图，裁剪、分割指定长度的纸藤。在①、②横绳和2根③竖绳的中心处做上标记。

>> 参照第27页裁剪、分割纸藤

编织方形底部

>> 参照第28页方形底部

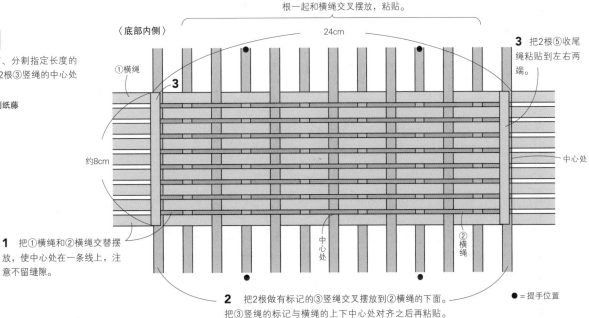

4 把剩余的③竖绳如图所示每2根一起和横绳交叉摆放，粘贴。

3 把2根⑤收尾绳粘贴到左右两端。

1 把①横绳和②横绳交替摆放，使中心处在一条线上，注意不留缝隙。

2 把2根做有标记的③竖绳交叉摆放到②横绳的下面。把③竖绳的标记与横绳的上下中心处对齐之后再粘贴。

● =提手位置

〈底部内侧〉
①横绳
约8cm
中心处
中心处
②横绳
中心处

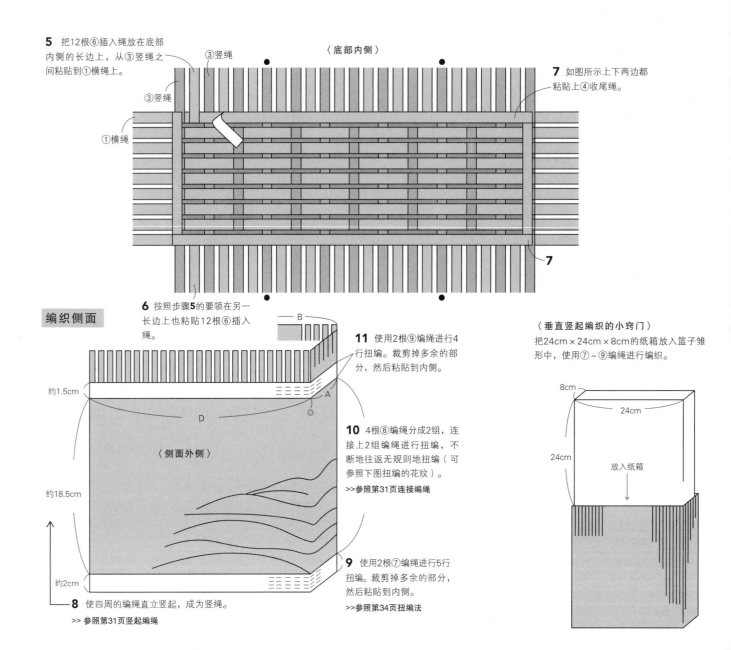

5 把12根⑥插入绳放在底部内侧的长边上，从③竖绳之间粘贴到①横绳上。

③竖绳

③竖绳

①横绳

〈底部内侧〉

7 如图所示上下两边都粘贴上④收尾绳。

7

6 按照步骤**5**的要领在另一长边上也粘贴12根⑥插入绳。

编织侧面

B

约1.5cm

A

D

〈侧面外侧〉

约18.5cm

约2cm

8 使四周的编绳直立竖起，成为竖绳。

>> **参照第31页竖起编绳**

11 使用2根⑨编绳进行4行扭编。裁剪掉多余的部分，然后粘贴到内侧。

10 4根⑧编绳分成2组，连接上2组编绳进行扭编，不断地往返无规则地扭编（可参照下图扭编的花纹）。

>> **参照第31页连接编绳**

9 使用2根⑦编绳进行5行扭编。裁剪掉多余的部分，然后粘贴到内侧。

>> **参照第34页扭编法**

〈垂直竖起编织的小窍门〉

把24cm×24cm×8cm的纸箱放入篮子雏形中，使用⑦～⑨编绳进行编织。

8cm

24cm

24cm

放入纸箱

10 〈扭编的花纹〉

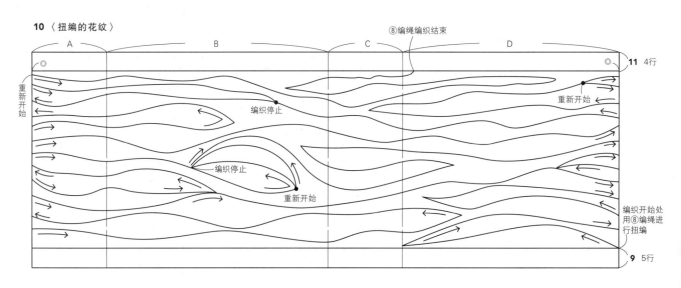

A

B

C

D

⑧编绳编织结束

11 4行

重新开始

编织停止

重新开始

编织停止

重新开始

编织开始处用⑧编绳进行扭编

9 5行

处理边缘

12 使用⑩边缘中心绳进行套编。

>>参照第32页套编法

重叠粘贴固定

⑩边缘中心绳

〈侧面外侧〉

13 把竖绳像是包裹着⑩边缘中心绳一样，分别朝外侧、内侧折叠，粘贴。

⑩

比⑩边缘中心绳下端长的话裁剪掉

15 在边缘内侧粘贴1圈⑫边缘内用绳，两端重叠粘贴固定。

顶端对齐

重叠粘贴固定

14 在边缘的外侧粘贴1圈⑪边缘外用绳，两端重叠粘贴固定。

16 用⑬边缘钉缀绳缠绕边缘1圈。末端与内侧的⑬边缘钉缀重叠1cm后裁剪，粘贴。

⑪边缘外用绳

安装提手

中心处对接

⑮提手内用绳

⑭提手外用绳

17 把⑮提手内用绳如图所示在中心处对接并粘贴固定。把⑮提手内用绳插进⑭提手外用绳里面，重叠到一起。两端对接，裁剪掉多余的部分，用洗晒夹固定。

18 把⑯提手缠绕绳和提手的中心处对齐，缠绕5圈。然后在⑭提手外用绳的下方缠绕1圈，1个花样制作完成。然后反复缠绕到距提手下端1cm处。

洗晒夹

中心处

⑯

1个花样

缠绕5圈

在⑭提手外用绳的下方缠绕1圈

⑭提手外用绳

⑯提手缠绕绳

19 提手的另一半也按照上述要领制作。另一只提手用同样方法制作。

中心处

空1cm

⑯提手缠绕绳的末端穿过两端的环形后粘贴固定

空1cm

完成

提手

20 把⑰提手锁边绳穿过⑮提手内用绳两端的环形，打死结固定到●处的竖绳上。

⑰提手锁边绳

⑪边缘外用绳

〈侧面外侧〉

〈侧面内侧〉

⑰提手锁边绳

提手的背面

⑫边缘内用绳

打死结

⑰提手锁边绳一端穿过⑮提手内用绳两端的环形，裁剪掉多余的部分

约24cm

约28cm

约8.5cm

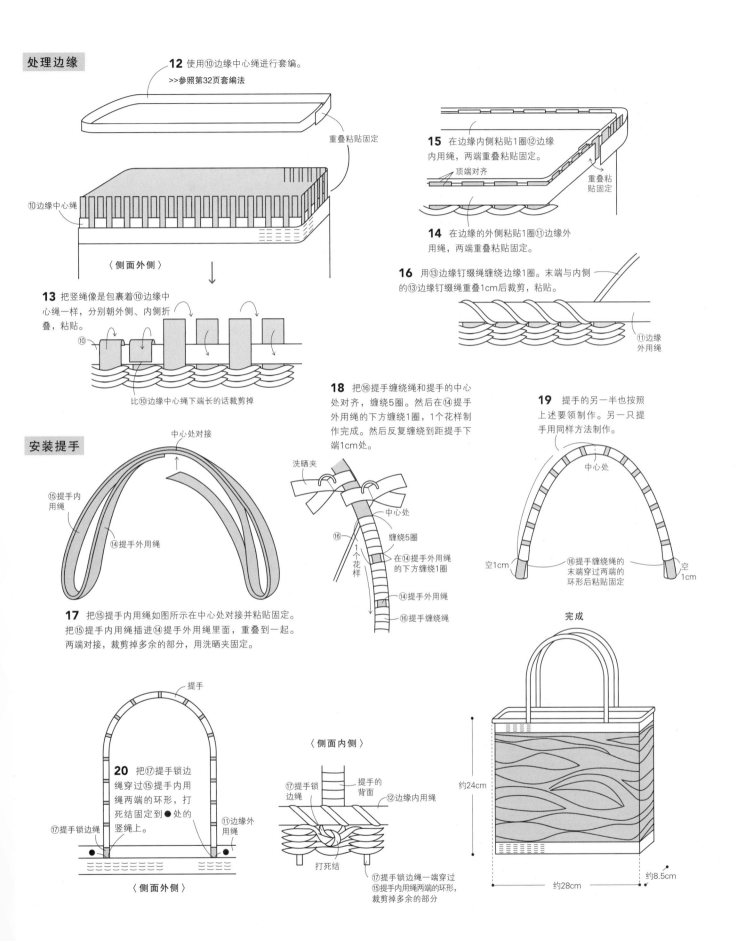

43

丝带装饰提篮　彩图>>第22页

● 材料

纸藤（K-1513/黑色）30m卷…1卷、10m卷…1卷
纸藤（H-1704/蓝灰色）10m卷…1卷

● 需要准备的相应股数和根数的纸藤

※指定颜色以外采用黑色。

①横绳	10股宽	2根	长72cm	
②横绳	10股宽	5根	长30cm	
③横绳	8股宽	4根	长72cm	
④竖绳	10股宽	2根	长54cm	
⑤竖绳	8股宽	11根	长54cm	
⑥收尾绳	10股宽	2根	长12cm	
⑦编绳	6股宽	2根	长625cm	
⑧编绳	2股宽	2根	长625cm	
⑨编绳	4股宽	3根	长300cm	
⑩边缘处理绳	10股宽	2根	长90cm	
⑪边缘绳	4股宽	2根	长340cm	
⑫丝带主体横绳	6股宽	7根	长40cm	蓝灰色
⑬丝带主体绳	2股宽	3根	长600cm	蓝灰色
⑭丝带中心横绳	6股宽	3根	长17cm	蓝灰色
⑮丝带中心竖绳	6股宽	2根	长4cm	蓝灰色
⑯丝带中心绳	2股宽	1根	长350cm	蓝灰色
⑰丝带固定绳	2股宽	1根	长50cm	
⑱提手绳	8股宽	2根	长160cm	
⑲提手缠绕绳	2股宽	2根	长500cm	

● 平面裁剪图　■=多余部分

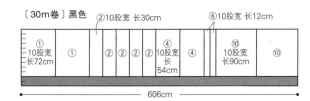

〔30m卷〕黑色

②10股宽 长30cm　⑥10股宽 长12cm

①10股宽 长72cm　①　②②②　④10股宽 长54cm　④　⑩10股宽 长90cm　⑩

606cm

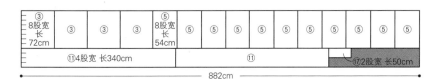

③8股宽 长72cm　③ ③ ③　⑤8股宽 长54cm　⑤ ⑤ ⑤ ⑤ ⑤ ⑤ ⑤ ⑤ ⑤ ⑤

⑪4股宽 长340cm　⑪　⑰2股宽 长50cm

882cm

⑦6股宽 长625cm　⑦

625cm

〔10m卷〕黑色

⑱8股宽 长160cm　⑱

⑨4股宽 长300cm

320cm

⑧2股宽 长625cm　⑧
⑲2股宽 长500cm　⑲
⑨4股宽 长300cm　⑨

625cm

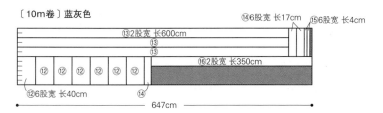

〔10m卷〕蓝灰色

⑭6股宽 长17cm　⑮6股宽 长4cm
⑬2股宽 长600cm　⑬ ⑬
⑫ ⑫ ⑫ ⑫ ⑫ ⑫　⑯2股宽 长350cm
⑫6股宽 长40cm　⑭

647cm

● 制作方法

裁剪、分割纸藤

参照平面裁剪图，裁剪、分割指定长度的纸藤。在①、②、③横绳和2根④竖绳的中心处做上标记。

>> 参照第27页裁剪、分割纸藤

编织方形底部

>>参照第28页方形底部

1 把①横绳、②横绳、③横绳如图所示摆放，使中心处在一条线上，注意不留缝隙。

4 把⑤竖绳如图所示每2根一起和横绳交叉摆放，粘贴。方形底部编织完成。

〈底部内侧〉

⑤竖绳

30cm

● = 提手位置

⑥收尾绳

①横绳

②横绳
②横绳
③横绳
中心处
③横绳
②横绳

约11.5cm

①横绳 **3**

④竖绳

中心处

3 把2根⑥收尾绳粘贴到左右两端。

2 把2根做有标记的④竖绳交叉摆放到②横绳的下面。把④竖绳的标记与横绳的上下中心处对齐之后再粘贴。

编织侧面

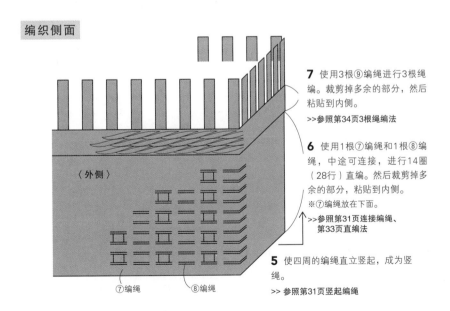

〈外侧〉

⑦编绳   ⑧编绳

7 使用3根⑨编绳进行3根绳编。裁剪掉多余的部分，然后粘贴到内侧。

>>参照第34页3根绳编法

6 使用1根⑦编绳和1根⑧编绳，中途可连接，进行14圈（28行）直编。然后裁剪掉多余的部分，粘贴到内侧。

※⑦编绳放在下面。

>>参照第31页连接编绳、第33页直编法

5 使四周的编绳直立竖起，成为竖绳。

>> 参照第31页竖起编绳

处理边缘

8 使用1根⑩边缘处理绳进行套编，两端重叠粘贴固定。

>>参照第32页套编法

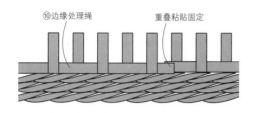
⑩边缘处理绳　　重叠粘贴固定

9 把竖绳像是包裹着⑩边缘处理绳一样，分别朝外侧、内侧折叠。

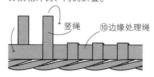
竖绳　　⑩边缘处理绳

10 把竖绳从第1行或者第2行插进外侧或内侧的编绳里。

11 在边缘的外侧粘贴另一根⑩边缘处理绳，两端重叠粘贴固定。

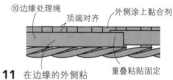
⑩边缘处理绳　　顶端对齐　　外侧涂上黏合剂　　重叠粘贴固定

12 用⑪边缘绳进行边缘编织，中途连接上。

>>参照第35页边缘编织法

编织丝带

13 把7根⑫丝带主体横绳的一端如图所示折叠1.5cm，然后每隔一行分别穿过⑦编绳一端的竖绳，拉紧，粘贴固定。

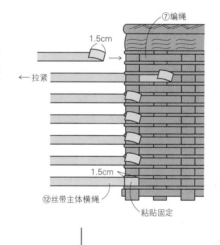
⑦编绳
1.5cm
←拉紧
1.5cm
⑫丝带主体横绳
粘贴固定

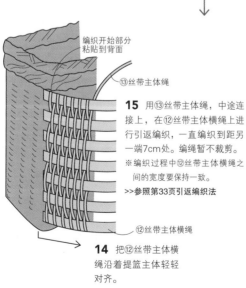
编织开始部分粘贴到背面
⑬丝带主体绳

15 用⑬丝带主体绳，中途连接上，在⑫丝带主体横绳上进行引返编织，一直编织到距另一端7cm处。编绳暂不裁剪。
※编织过程中⑫丝带主体横绳之间的宽度要保持一致。

>>参照第33页引返编织法

⑫丝带主体横绳

14 把⑫丝带主体横绳沿着提篮主体轻轻对齐。

16 把⑫丝带主体横绳的末端折叠，和步骤**13**一样穿过另一端的竖绳，拉紧，粘贴固定。

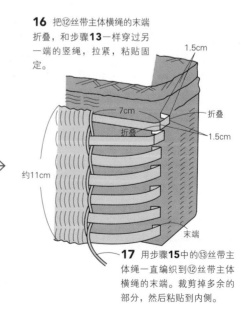
1.5cm
7cm　　折叠
折叠　　1.5cm
约11cm
末端

17 用步骤**15**中的⑬丝带主体绳一直编织到⑫丝带主体横绳的末端。裁剪掉多余的部分，然后粘贴到内侧。

18 把⑭丝带中心横绳和⑮丝带中心竖绳如图所示粘贴固定。

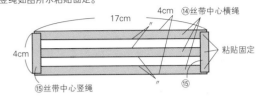

17cm
4cm
4cm ⑭丝带中心横绳
粘贴固定
⑮丝带中心竖绳
⑮

19 使用⑯丝带中心绳按照步骤**15**的引返编织的要领从一端开始编织到另一端。裁剪掉多余的部分，然后粘贴到内侧。

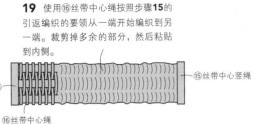

⑮
⑮丝带中心竖绳
⑯丝带中心绳

20 使用喷雾器稍微喷湿丝带中心，做成环形，用洗晒夹固定。晾干。

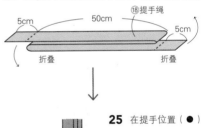

洗晒夹
把⑮丝带中心竖绳重叠
丝带中心
喷雾器

21 用喷雾器把丝带主体的中心部分稍微喷湿，使之向下凹，做成丝带的形状。

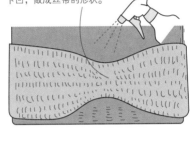

〈外侧〉

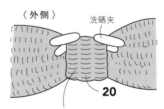

洗晒夹
20

22 把步骤**20**的部件缠绕到丝带主体的中心位置，在丝带的内侧粘贴固定⑮丝带中心竖绳。

23 把⑰丝带固定绳穿过丝带中心的上方，穿到提篮主体上。然后穿过丝带中心的下方，在内侧打死结固定。

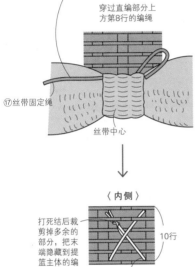

穿过直编部分上方第8行的编绳
⑰丝带固定绳
丝带中心

〈内侧〉

打死结后裁剪掉多余的部分，把末端隐藏到提篮主体的编绳里
10行
⑰

安装提手

24 把⑱提手绳在如图所示的4个地方进行折叠。

5cm
50cm ⑱提手绳
5cm
折叠
折叠

25 在提手位置（●）穿过⑱提手绳，下端留出2.5cm不粘贴，其余整体粘贴固定。

留出2.5cm不粘贴
5cm

26 按照第13页步骤**19**~**21**的要领使用⑲提手缠绕绳缠绕提手，安装好2只提手。

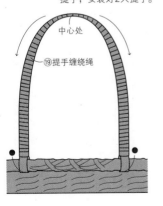

中心处
⑲提手缠绕绳

完成

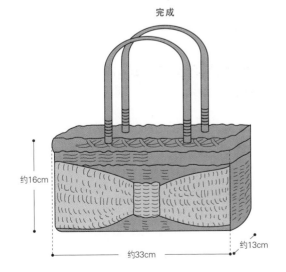

约16cm
约33cm
约13cm

椭圆形提篮　彩图>>第9页

● 材料

纸藤（No.18/深蓝色）30m卷…1卷

● 需要准备的相应股数和根数的纸藤

① 横绳　6股宽　10根 长46cm
② 横绳　8股宽　8根 长14cm
③ 竖绳　6股宽　18根 长30cm
④ 收尾绳　6股宽　4根 长7.5cm
⑤ 编绳　2股宽　4根 长450cm
⑥ 插入绳　6股宽　8根 长8cm
⑦ 插入绳　6股宽　8根 长18cm
⑧ 竖绳　6股宽　13根 长45cm
⑨ 边缘中心绳　2股宽　2根 长45cm
⑩ 边缘外用绳　6股宽　2根 长45cm
⑪ 边缘装饰绳　4股宽　4根 长110cm
⑫ 提手绳　4股宽　8根 长50cm
⑬ 边缘内用绳　12股宽　1根 长61cm

● 平面裁剪图　■=多余部分

〔30m卷〕深蓝色

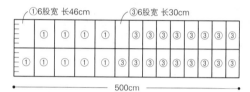

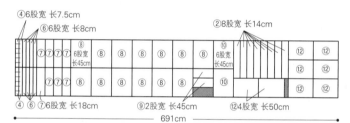

● 制作方法

裁剪、分割纸藤

参照平面裁剪图，裁剪、分割指定长度的纸藤。在①、②横绳的中心处和4根③竖绳距一端6cm处做上标记。

>> 参照第27页裁剪、分割纸藤

编织2个椭圆形底部（成为提篮的前、后面）

>>参照第29页椭圆形底部

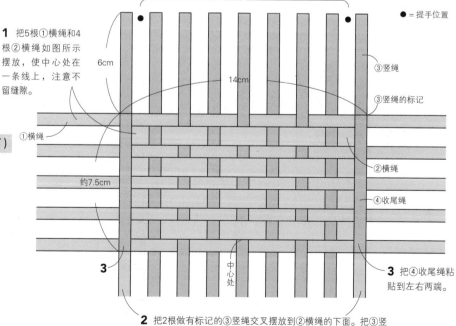

4 把7根③竖绳如图所示每2根一起和横绳交叉摆放，粘贴。

● =提手位置

1 把5根①横绳和4根②横绳如图所示摆放，使中心处在一条线上，注意不留缝隙。

6cm

14cm

③竖绳

③竖绳的标记

①横绳

②横绳

④收尾绳

约7.5cm

3 把④收尾绳粘贴到左右两端。

3

中心处

2 把2根做有标记的③竖绳交叉摆放到②横绳的下面。把③竖绳的标记与①横绳的上方对齐之后再粘贴。

〈 前、后面的内侧 〉

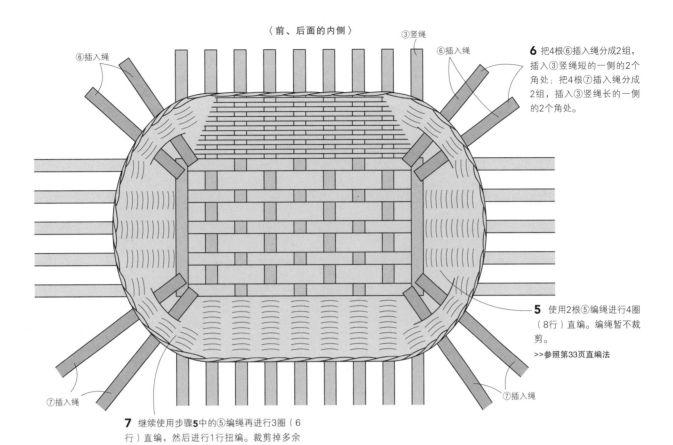

6 把4根⑥插入绳分成2组，插入③竖绳短的一侧的2个角处；把4根⑦插入绳分成2组，插入③竖绳长的一侧的2个角处。

5 使用2根⑤编绳进行4圈（8行）直编。编绳暂不裁剪。

>>参照第33页直编法

7 继续使用步骤**5**中的⑤编绳再进行3圈（6行）直编，然后进行1行扭编。裁剪掉多余的部分，末端粘贴到竖绳上。椭圆形底部编织完成。

>>参照第34页扭编法

8 短的一侧的③竖绳和⑥插入绳共计13根编绳朝内侧折叠，插进直编的编绳里。按照步骤**1~8**的要领再编织1个椭圆形底部。

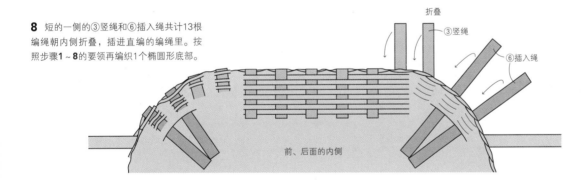

编织左、右面和篮底，处理边缘

9 参照第16页的步骤**8**，四周伸出来的编绳留出10cm后裁剪，然后直立竖起。裁剪后的编绳成为横绳。

>>参照第31页竖起编绳

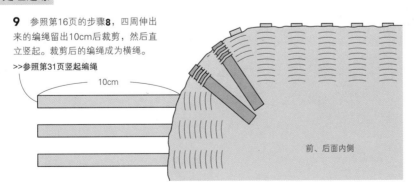

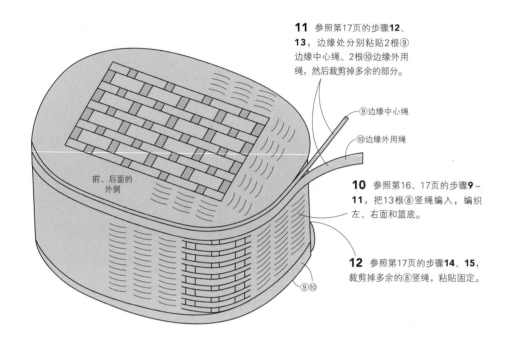

11 参照第17页的步骤**12**、**13**，边缘处分别粘贴2根⑨边缘中心绳、2根⑩边缘外用绳，然后裁剪掉多余的部分。

⑨边缘中心绳

⑩边缘外用绳

前、后面的外侧

10 参照第16、17页的步骤**9**~**11**，把13根⑧竖绳编入，编织左、右面和篮底。

12 参照第17页的步骤**14**、**15**，裁剪掉多余的⑧竖绳，粘贴固定。

⑨⑩

13 使用2根⑪边缘装饰绳编织装饰花边。

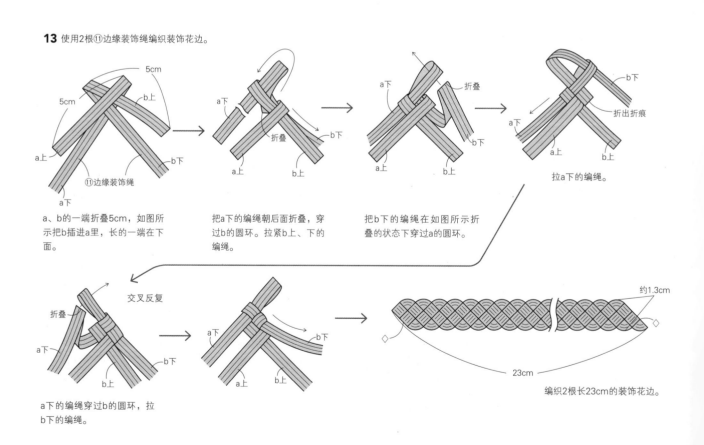

5cm
5cm
a上
b上
a下
b下
⑪边缘装饰绳

a、b的一端折叠5cm，如图所示把b插进a里，长的一端在下面。

a下
b下
折叠
a上
b上

把a下的编绳朝后面折叠，穿过b的圆环。拉紧b上、下的编绳。

a下
折叠
a下
a上
b下
b上

把b下的编绳在如图所示折叠的状态下穿过a的圆环。

b下
折出折痕
a下
a上
b上

拉a下的编绳。

折叠
交叉反复
a下
b上
b下

a下的编绳穿过b的圆环，拉b下的编绳。

a下
a上
b上
b下

约1.3cm
23cm

编织2根长23cm的装饰花边。

安装提手和装饰花边

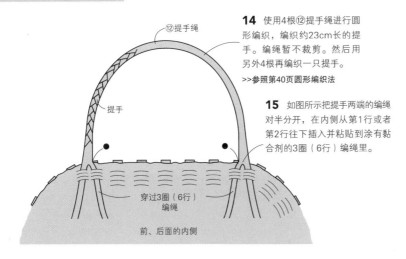

⑫提手绳

提手

穿过3圈（6行）编绳

前、后面的内侧

14 使用4根⑫提手绳进行圆形编织，编织约23cm长的提手。编绳暂不裁剪。然后用另外4根再编织一只提手。

>>参照第40页圆形编织法

15 如图所示把提手两端的编绳对半分开，在内侧从第1行或者第2行往下插入并粘贴到涂有黏合剂的3圈（6行）编绳里。

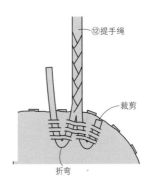

⑫提手绳

裁剪

折弯

16 如图所示折叠后朝边缘插进编绳里，沿着上方边缘裁剪编绳。另一只提手也按照上述要领制作。

17 如图所示在⑬边缘内用绳的4个地方进行折叠。

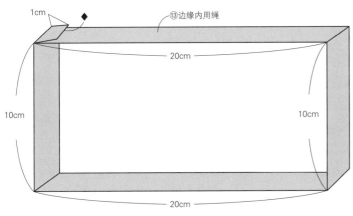

1cm

⑬边缘内用绳

20cm

10cm

10cm

20cm

18 沿着边缘内侧粘贴1圈⑬边缘内用绳。

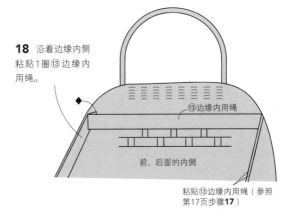

⑬边缘内用绳

前、后面的内侧

粘贴⑬边缘内用绳（参照第17页步骤**17**）

19 把装饰花边粘贴到前、后面的内侧，从外侧可以看见0.3cm左右。

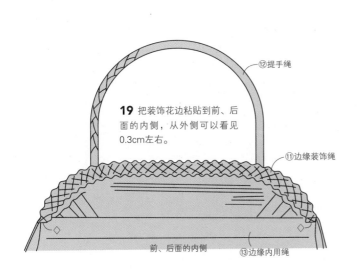

⑫提手绳

⑪边缘装饰绳

前、后面的内侧

⑬边缘内用绳

完成

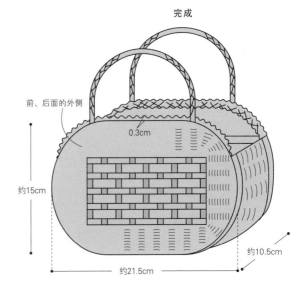

前、后面的外侧

0.3cm

⑬边缘内用绳

约15cm

约21.5cm

约10.5cm

长方形提篮　彩图>>第15页

● 材料

纸藤（No.29/鸭跖草蓝色）30m卷…1卷
纸藤（No.17/灰色）5m卷…1卷

● 需要准备的相应股数和根数的纸藤

※指定颜色以外采用鸭跖草蓝色。

①横绳	12股宽	7根 长45cm	⑦边缘中心绳	8股宽	1根 长73cm
②横绳	6股宽	6根 长20cm	⑧边缘外用绳	8股宽	1根 长74cm
③竖绳	12股宽	9根 长39cm	⑨边缘内用绳	8股宽	1根 长72cm
④收尾绳	12股宽	2根 长14cm	⑩边缘钉缀绳	4股宽	1根 长150cm
⑤编绳	6股宽	12根 长69cm 灰色	⑪提手内用绳	12股宽	2根 长50cm
⑥编绳	2股宽	8根 长69cm	⑫提手外用绳	6股宽	2根 长40cm
			⑬提手缠绕绳	4股宽	1根 长210cm

● 平面裁剪图　■=多余部分

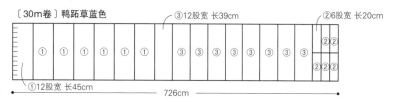

〔30m卷〕鸭跖草蓝色

③12股宽 长39cm　②6股宽 长20cm

①12股宽 长45cm　　726cm

④12股宽 长14cm　⑥2股宽 长69cm
⑪12股宽 长50cm　⑫　⑥⑥⑥⑥
⑦8股宽 长73cm　⑧8股宽 长74cm　⑨8股宽 长72cm
⑩4股宽 长150cm　⑬4股宽 长210cm
⑫6股宽 长40cm　　537cm

〔5m卷〕灰色

⑤6股宽 长69cm　　414cm

● 制作方法

裁剪、分割纸藤

参照平面裁剪图，裁剪、分割指定长度的纸藤。在①、②横绳和2根③竖绳的中心处做上标记。

>> 参照第27页裁剪、分割纸藤

编织方形底部

>> 参照第28页方形底部

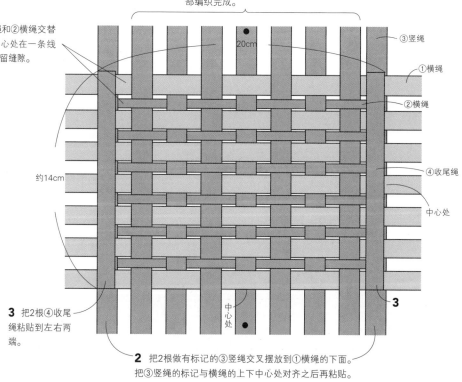

4 把剩余的③竖绳如图所示每2根一起和横绳交叉摆放，粘贴。方形底部编织完成。

●=提手位置

〈底部内侧〉

20cm

1 把①横绳和②横绳交替摆放，使中心处在一条线上，注意不留缝隙。

约14cm

③竖绳
①横绳
②横绳
④收尾绳
中心处

3 把2根④收尾绳粘贴到左右两端。

中心处

2 把2根做有标记的③竖绳交叉摆放到①横绳的下面。把③竖绳的标记与横绳的上下中心处对齐之后再粘贴。

编织侧面

〈侧面外侧〉

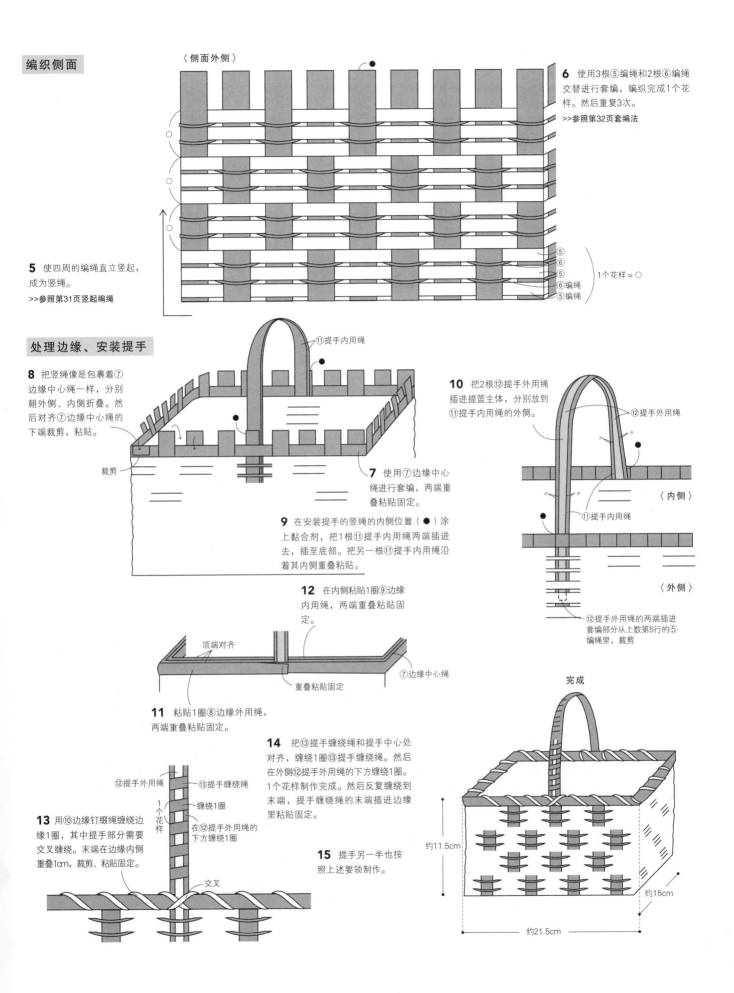

6 使用3根⑤编绳和2根⑥编绳交替进行套编，编织完成1个花样。然后重复3次。

>>参照第32页套编法

⑤
⑥
⑤
⑥ 编绳
⑤ 编绳

1个花样 = ○

5 使四周的编绳直立竖起，成为竖绳。

>>参照第31页竖起编绳

处理边缘、安装提手

8 把竖绳像是包裹着⑦边缘中心绳一样，分别朝外侧、内侧折叠。然后对齐⑦边缘中心绳的下端裁剪，粘贴。

裁剪

⑪提手内用绳

7 使用⑦边缘中心绳进行套编，两端重叠粘贴固定。

9 在安装提手的竖绳的内侧位置（●）涂上黏合剂，把1根⑪提手内用绳两端插进去，插至底部。把另一根⑪提手内用绳沿着其内侧重叠粘贴。

10 把2根⑫提手外用绳插进提篮主体，分别放到⑪提手内用绳的外侧。

⑫提手外用绳

"

"

"

⑪提手内用绳

〈内侧〉

〈外侧〉

⑫提手外用绳的两端插进套编部分从上数第5行的⑤编绳里，裁剪

12 在内侧粘贴1圈⑨边缘内用绳，两端重叠粘贴固定。

顶端对齐

重叠粘贴固定

⑦边缘中心绳

11 粘贴1圈⑧边缘外用绳，两端重叠粘贴固定。

14 把⑬提手缠绕绳和提手中心处对齐，缠绕1圈⑬提手缠绕绳。然后在外侧⑫提手外用绳的下方缠绕1圈。1个花样制作完成。然后反复缠绕到末端，提手缠绕绳的末端插进边缘里粘贴固定。

⑫提手外用绳

⑬提手缠绕绳

1个花样

缠绕1圈

在⑫提手外用绳的下方缠绕1圈

13 用⑩边缘钉缀绳缠绕边缘1圈，其中提手部分需要交叉缠绕。末端在边缘内侧重叠1cm，裁剪、粘贴固定。

交叉

15 提手另一半也按照上述要领制作。

完成

约11.5cm

约15cm

约21.5cm

a

b

双色系提篮 　彩图>>第8页

● 材料

※基本款为a。〈 〉内为b。

纸藤（No.40/茶绿色〈No.31/乌贼墨黑色〉）30m卷…1卷
纸藤（No.34/杏色〈No.17/灰色〉）5m卷…2卷

● 需要准备的相应股数和根数的纸藤

※指定颜色以外a采用茶绿色，b采用乌贼墨黑色。〈 〉内为b。

①横绳	6股宽	4根 长16cm	⑨编绳	2股宽 3根 长500cm 杏色〈灰色〉
②横绳	6股宽	1根 长64cm	⑩边缘中心绳	12股宽 1根 长54cm
③收尾绳	6股宽	2根 长4cm	⑪边缘外用绳	12股宽 1根 长55cm
④竖绳	6股宽	11根 长50cm	⑫边缘内用绳	12股宽 1根 长53cm
⑤插入绳	6股宽	12根 长25cm	⑬边缘钉缀绳	2股宽 1根 长170cm 杏色〈灰色〉
⑥编绳	2股宽	2根 长200cm	⑭提手内用绳	6股宽 1根 长74cm
⑦编绳	4股宽	1根 长720cm	⑮提手外用绳	6股宽 1根 长75cm
⑧编绳	4股宽	2根 长320cm 杏色〈灰色〉	⑯提手缠绕绳	2股宽 1根 长300cm

● 平面裁剪图 　■=多余部分 　※基本款为a。〈 〉内为b。

〔30m卷〕茶绿色〈乌贼墨黑色〉

〔5m卷〕杏色〈灰色〉×2卷

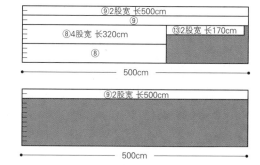

● 制作方法

裁剪、分割纸藤

参照平面裁剪图，裁剪、分割指定长度的
纸藤。在①、②横绳和2根④竖绳的中心处
做上标记。

>> 参照第27页裁剪、分割纸藤

4 把剩余的9根④竖绳如图所示每2根一起和横绳
交叉摆放，粘贴。

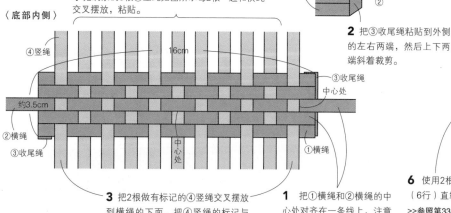

〈底部内侧〉

16cm
③收尾绳
中心处
约3.5cm
②横绳
③收尾绳
中心处
①横绳
④竖绳

3 把2根做有标记的④竖绳交叉摆放
到横绳的下面。把④竖绳的标记与
横绳的上下中心处对齐之后再粘贴。

1 把①横绳和②横绳的中
心处对齐在一条线上，注意
不留缝隙，如图所示摆放。

编织椭圆形底部

>>参照第29页椭圆形底部

〈外侧〉

裁剪
③收尾绳
①
②

2 把③收尾绳粘贴到外侧
的左右两端，然后上下两
端斜着裁剪。

6 使用2根⑥编绳进行3圈
（6行）直编。

>>参照第33页直编法

♥●=提手位置

5 把12根⑤插入绳的一端如图所
示裁剪，每3根一起插入4个角。

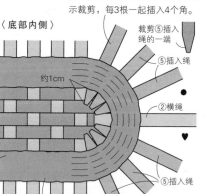

〈底部内侧〉

约1cm
裁剪⑤插入
绳的一端
⑤插入绳
②横绳
●
♥
⑤插入绳

7 然后进行1行扭编。裁剪掉多
余的部分，末端粘贴到竖绳的背
面。椭圆形底部编织完成。

>>参照第34页扭编法

编织侧面

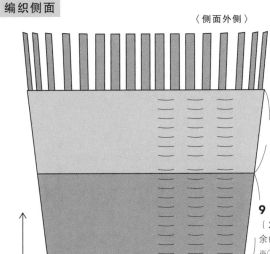

〈侧面外侧〉

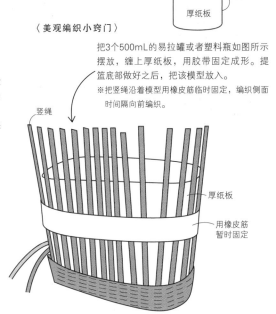

〈美观编织小窍门〉

把3个500mL的易拉罐或者塑料瓶如图所示摆放，缠上厚纸板，用胶带固定成形。提篮底部做好之后，把该模型放入。

※把竖绳沿着模型用橡皮筋临时固定，编织侧面时间隔向前编织。

缠绕

厚纸板

竖绳

厚纸板

用橡皮筋暂时固定

10 使用⑧编绳和⑨编绳进行12圈（24行）直编。裁剪掉多余的部分，末端粘贴到内侧。

※⑧编绳放在下面。⑧、⑨编绳1根用完后可连接上继续编织。

9 使用⑦编绳和⑨编绳进行14圈（28行）直编。⑦编绳裁剪掉多余的部分，末端粘贴到内侧。

※⑦编绳放在下面。⑨编绳1根用完后可连接上继续编织。

>>参照第31页连接编绳

8 使四周的编绳直立竖起，成为竖绳。

>>参照第31页竖起编绳

处理边缘

〈侧面外侧〉

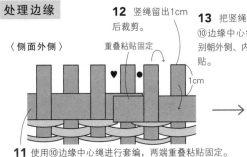

12 竖绳留出1cm后裁剪。

重叠粘贴固定

1cm

11 使用⑩边缘中心绳进行套编，两端重叠粘贴固定。

>>参照第32页套编法

13 把竖绳像是包裹着⑩边缘中心绳一样，分别朝外侧、内侧折叠，粘贴。

顶端对齐

⑩边缘中心绳

重叠粘贴固定

15 内侧粘贴1圈⑫边缘内用绳，两端重叠粘贴固定。

14 外侧粘贴1圈⑪边缘外用绳，两端重叠粘贴固定。

16 用⑬边缘钉缀绳缠绕边缘1圈。末端在边缘内侧重叠1cm，裁剪、粘贴固定。

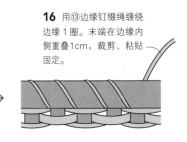

安装提手

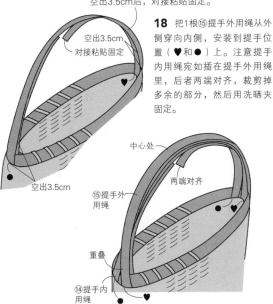

17 把1根⑭提手内用绳从外侧穿向内侧，安装到提手位置（●和♥）上。如图所示两端空出3.5cm后，对接粘贴固定。

空出3.5cm

对接粘贴固定

18 把1根⑮提手外用绳从外侧穿向内侧，安装到提手位置（♥和●）上。注意提手内用绳宛如插在提手外用绳里，后者两端对齐，裁剪掉多余的部分，然后用洗晒夹固定。

中心处

两端对齐

⑮提手外用绳

重叠

⑭提手内用绳

空出3.5cm

19 把⑯提手缠绕绳和提手中心处对齐，缠绕1圈⑯提手缠绕绳。然后在外侧⑮提手外用绳的下方缠绕3圈。1个花样编织完成。然后反复缠绕到距底部3.5cm处。

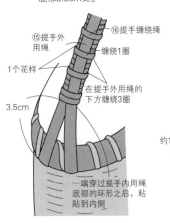

⑯提手缠绕绳

⑮提手外用绳

缠绕1圈

1个花样

在提手外用绳的下方缠绕3圈

3.5cm

一端穿过提手内用绳底部的环形之后，粘贴到内侧

20 提手另一半也按照步骤**19**的要领制作。

完成

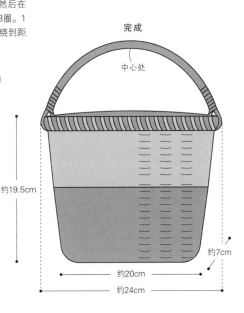

中心处

约19.5cm

约7cm

约20cm

约24cm

55

a

b

粗边缘提篮 彩图>>第10页

● 材料

a 纸藤（No.13/苔绿色）30m卷…1卷

b 纸藤（No.6/黑色）30m卷…1卷、（No.32/黑茶色）5m卷…2卷、（No.1/牛皮色）5m卷…1卷

● 需要准备的相应股数和根数的纸藤

※基本款为b。a均使用苔绿色纸藤，〈 〉内为苔绿色纸藤的根数。

①横绳	12股宽	3根	长62cm	黑色 黑茶色2根〈5根〉
②横绳	12股宽	4根	长24cm	黑色
③竖绳	12股宽	4根	长50cm	黑色 黑茶色4根、牛皮色1根〈9根〉
④收尾绳	12股宽	2根	长13.5cm	黑色
⑤编绳	4股宽	2根	长255cm	黑色
⑥插入绳	12股宽	4根	长20cm	黑茶色
⑦编绳	12股宽	7根	长88cm	黑色 黑茶色2根、牛皮色1根〈10根〉
⑧边缘外用绳	12股宽	1根	长91cm	黑色
⑨边缘内用绳	12股宽	1根	长89cm	黑色
⑩边缘钉缀绳	5股宽	1根	长350cm	黑色
⑪提手内用绳	5股宽	2根	长70cm	黑色
⑫提手外用绳	5股宽	2根	长71cm	黑色
⑬提手缠绕绳	2股宽	2根	长210cm	黑色

● 制作方法 ※基本款为b，a均使用苔绿色纸藤。

裁剪、分割纸藤

参照平面裁剪图，裁剪、分割指定长度的纸藤。在①、②横绳和2根③竖绳（黑色）的中心处做上标记。

>> 参照第27页裁剪、分割纸藤

编织椭圆形底部

>> 参照第29页椭圆形底部

〈底部内侧〉

1 把①横绳和②横绳的中心处对齐在一条线上，注意不留缝隙，如图所示交替摆放。

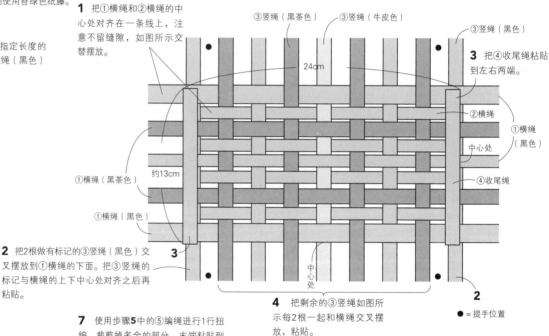

③竖绳（黑茶色）　③竖绳（牛皮色）

③竖绳（黑色）

24cm

3 把④收尾绳粘贴到左右两端。

②横绳

①横绳（黑色）

中心处

④收尾绳

①横绳（黑茶色）

约13cm

①横绳（黑色）

2 把2根做有标记的③竖绳（黑色）交叉摆放到①横绳的下面。把③竖绳的标记与横绳的上下中心处对齐之后再粘贴。

3

中心处

4 把剩余的③竖绳如图所示每2根一起和横绳交叉摆放，粘贴。

2

● = 提手位置

7 使用步骤**5**中的⑤编绳进行1行扭编。裁剪掉多余的部分，末端粘贴到竖绳的背面。椭圆形底部编织完成。

>>参照第34页扭编法

〈底部内侧〉

6 在每个角粘贴1根⑥插入绳。

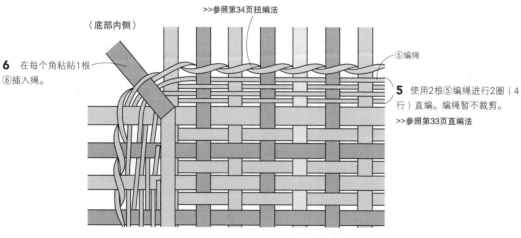

⑤编绳

5 使用2根⑤编绳进行2圈（4行）直编。编绳暂不裁剪。

>>参照第33页直编法

56

● 平面裁剪图 ▨=多余部分　a.〔30m卷〕苔绿色、b.〔30m卷〕黑色

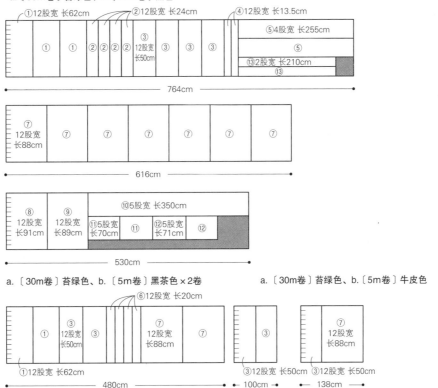

①12股宽 长62cm　②12股宽 长24cm　④12股宽 长13.5cm
⑤4股宽 长255cm
⑬2股宽 长210cm

①	①	②②②②	③12股宽 长50cm	③	③	③	⑤
							⑬

764cm

⑦12股宽 长88cm	⑦	⑦	⑦	⑦	⑦	⑦

616cm

⑩5股宽 长350cm

⑧12股宽 长91cm	⑨12股宽 长89cm	⑪5股宽 长70cm	⑪	⑫5股宽 长71cm	⑫

530cm

a.〔30m卷〕苔绿色、b.〔5m卷〕黑茶色×2卷　　　a.〔30m卷〕苔绿色、b.〔5m卷〕牛皮色

⑥12股宽 长20cm

①12股宽 长62cm	③12股宽 长50cm	③		⑦12股宽 长88cm	⑦

480cm

③

③12股宽 长50cm

100cm

⑦12股宽 长88cm

③12股宽 长50cm

138cm

编织侧面

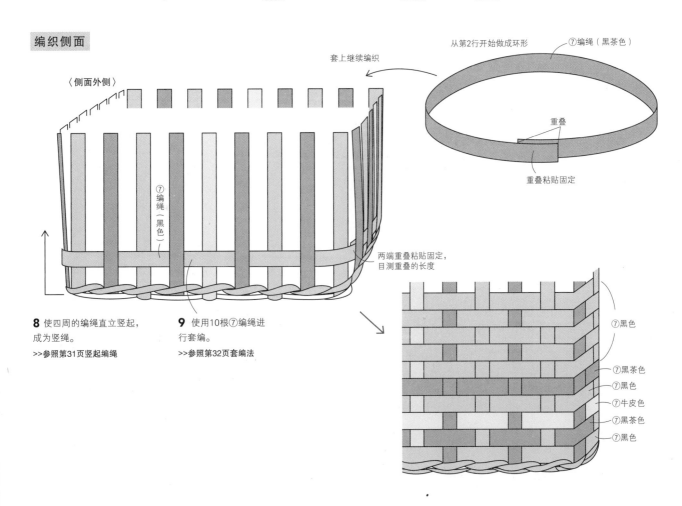

套上继续编织

从第2行开始做成环形　⑦编绳（黑茶色）

重叠

重叠粘贴固定

〈侧面外侧〉

⑦编绳（黑色）

两端重叠粘贴固定，
目测重叠的长度

8 使四周的编绳直立竖起，成为竖绳。

>>参照第31页竖起编绳

9 使用10根⑦编绳进行套编。

>>参照第32页套编法

⑦黑色

⑦黑茶色
⑦黑色
⑦牛皮色
⑦黑茶色
⑦黑色

处理边缘

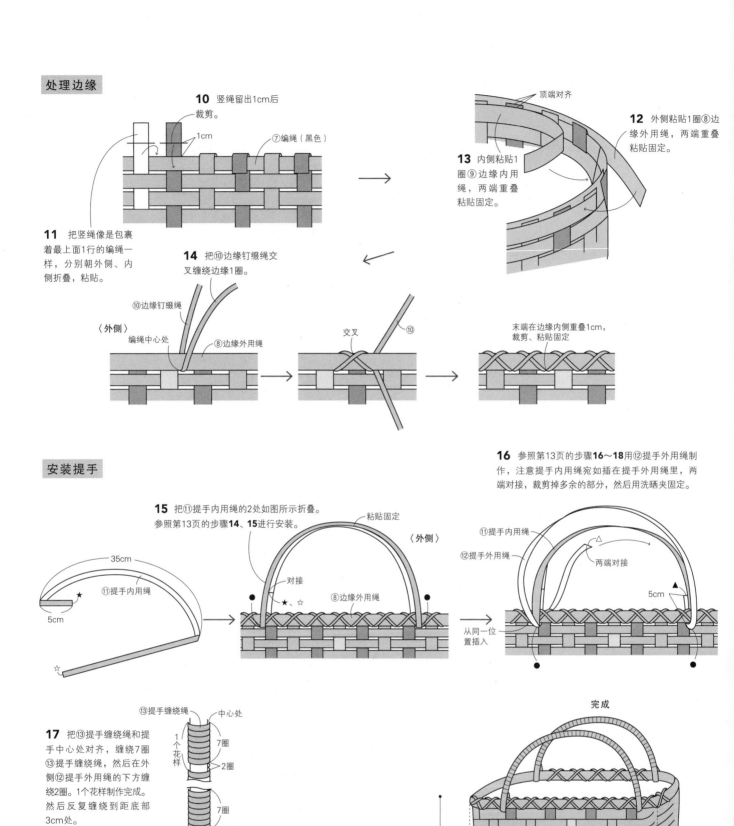

10 竖绳留出1cm后裁剪。

1cm

⑦编绳（黑色）

11 把竖绳像是包裹着最上面1行的编绳一样，分别朝外侧、内侧折叠，粘贴。

顶端对齐

12 外侧粘贴1圈⑧边缘外用绳，两端重叠粘贴固定。

13 内侧粘贴1圈⑨边缘内用绳，两端重叠粘贴固定。

14 把⑩边缘钉缀绳交叉缠绕边缘1圈。

⑩边缘钉缀绳

〈外侧〉

编绳中心处

⑧边缘外用绳

交叉

⑩

末端在边缘内侧重叠1cm，裁剪、粘贴固定

安装提手

15 把⑪提手内用绳的2处如图所示折叠。参照第13页的步骤**14**、**15**进行安装。

35cm

⑪提手内用绳

★

5cm

☆

粘贴固定

〈外侧〉

对接

★、☆

⑧边缘外用绳

●

●

16 参照第13页的步骤**16～18**用⑫提手外用绳制作，注意提手内用绳宛如插在提手外用绳里，两端对接，裁剪掉多余的部分，然后用洗晒夹固定。

⑪提手内用绳

⑫提手外用绳

△

两端对接

▲

5cm

从同一位置插入

●

●

17 把⑬提手缠绕绳和提手中心处对齐，缠绕7圈⑬提手缠绕绳，然后在外侧⑫提手外用绳的下方缠绕2圈。1个花样制作完成。然后反复缠绕到距底部3cm处。

⑬提手缠绕绳

中心处

1个花样

7圈

2圈

7圈

2圈

7圈

空出3cm

⑫提手外用绳

末端只缠绕到提手内用绳上，缠绕2圈，然后粘贴到内侧

⑧边缘外用绳

18 提手另一半同样制作。另一只提手也按照上述要领制作。

完成

约16.5cm

约28cm

约17cm

约33cm

双提手提篮 彩图>>第21页

● 材料

纸藤（No.32/黑茶色）30m卷…1卷
纸藤（No.37/淡绿色）5m卷…1卷

● 需要准备的相应股数和根数的纸藤

※指定颜色以外采用黑茶色。

① 横绳	6股宽	3根	长70cm
② 横绳	6股宽	2根	长16cm
③ 竖绳	6股宽	11根	长50cm
④ 收尾绳	6股宽	2根	长4cm
⑤ 编绳	3股宽	2根	长270cm
⑥ 插入绳	6股宽	8根	长28cm
⑦ 编绳	3股宽	2根	长390cm

⑧ 编绳	4股宽	1根	长500cm 淡绿色
⑨ 编绳	3股宽	1根	长500cm
⑩ 编绳	3股宽	2根	长550cm
⑪ 提手中心绳	6股宽	2根	长80cm
⑫ 提手外用绳	6股宽	2根	长62cm 淡绿色
⑬ 提手内用绳	6股宽	2根	长60cm 淡绿色
⑭ 边缘钉缀绳	2股宽	1根	长380cm 淡绿色
⑮ 提手缠绕绳	2股宽	2根	长180cm 淡绿色

● 平面裁剪图 　 ▓ =多余部分

〔30m卷〕黑茶色

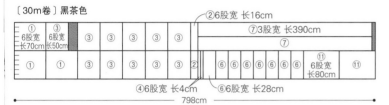

〔5m卷〕淡绿色

● 制作方法

裁剪、分割纸藤

参照平面裁剪图，裁剪、分割指定长度的纸藤。在①、②横绳和2根③竖绳的中心处做上标记。

>> 参照第27页裁剪、分割纸藤

编织椭圆形底部

>> 参照第29页椭圆形底部

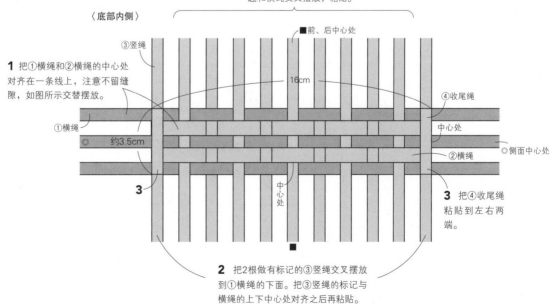

1 把①横绳和②横绳的中心处对齐在一条线上，注意不留缝隙，如图所示交替摆放。

2 把2根做有标记的③竖绳交叉摆放到①横绳的下面。把③竖绳的标记与横绳的上下中心处对齐之后再粘贴。

3 把④收尾绳粘贴到左右两端。

4 把剩余的③竖绳如图所示每2根一起和横绳交叉摆放，粘贴。

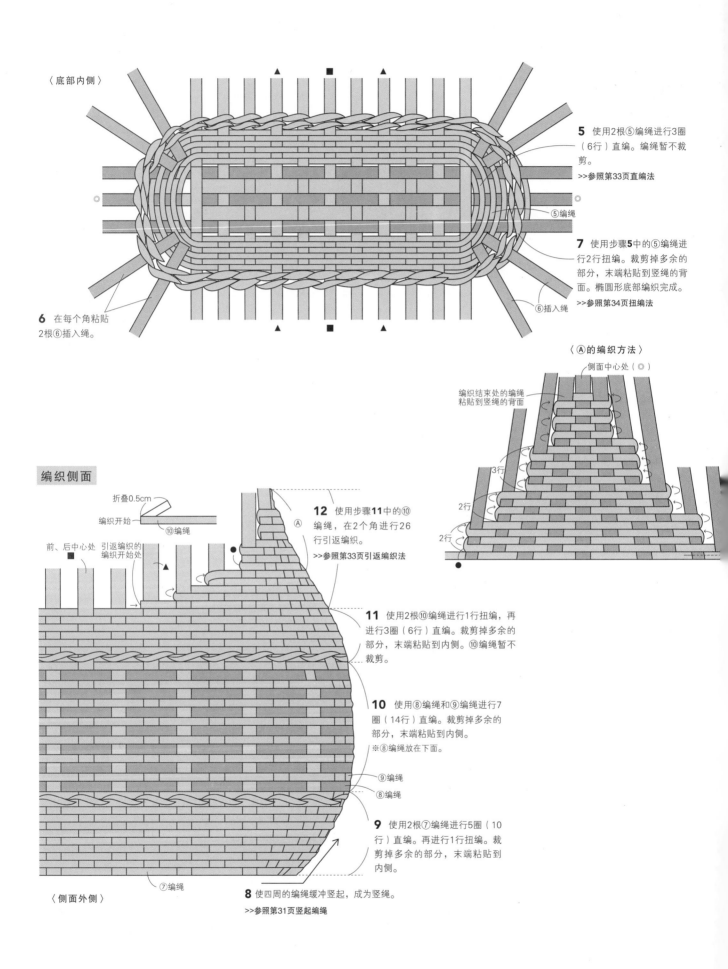

〈底部内侧〉

▲ ■ ▲

5 使用2根⑤编绳进行3圈（6行）直编。编绳暂不裁剪。

>>参照第33页直编法

⑤编绳

7 使用步骤**5**中的⑤编绳进行2行扭编。裁剪掉多余的部分，末端粘贴到竖绳的背面。椭圆形底部编织完成。

>>参照第34页扭编法

⑥插入绳

6 在每个角粘贴2根⑥插入绳。

▲ ■ ▲

〈Ⓐ的编织方法〉

侧面中心处（◎）

编织结束处的编绳粘贴到竖绳的背面

3行

2行

2行

●

编织侧面

折叠0.5cm

编织开始

⑩编绳

前、后中心处 ■

引返编织的编织开始处

▲

●

Ⓐ

12 使用步骤**11**中的⑩编绳，在2个角进行26行引返编织。

>>参照第33页引返编织法

11 使用2根⑩编绳进行1行扭编，再进行3圈（6行）直编。裁剪掉多余的部分，末端粘贴到内侧。⑩编绳暂不裁剪。

10 使用⑧编绳和⑨编绳进行7圈（14行）直编。裁剪掉多余的部分，末端粘贴到内侧。
※⑧编绳放在下面。

⑨编绳

⑧编绳

9 使用2根⑦编绳进行5圈（10行）直编。再进行1行扭编。裁剪掉多余的部分，末端粘贴到内侧。

⑦编绳

〈侧面外侧〉

8 使四周的编绳缓冲竖起，成为竖绳。

>>参照第31页竖起编绳

处理边缘、安装提手

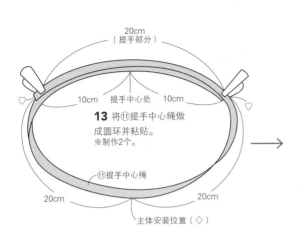

20cm
（提手部分）

10cm 提手中心处 10cm

13 将⑪提手中心绳做成圆环并粘贴。
※制作2个。

⑪提手中心绳

20cm　　　20cm

主体安装位置（◇）

14 把⑪提手中心绳的主体安装位置（◇）和主体前、后中心处（■），提手中心绳的♡处和主体侧面中心处（◎）对齐，用洗晒夹固定。

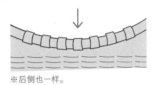

⑪提手中心绳

提手中心处

♡、◎　　　◎

竖绳

配合好提手中心绳之后裁剪

15 把竖绳像是包裹着⑪提手中心绳一样进行折叠，配合着提手中心绳的宽度裁剪，粘贴。

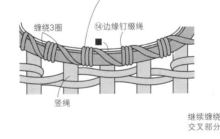

※后侧也一样。

16 把⑪提手中心绳放到⑫提手外用绳和⑬提手内用绳之间，只粘贴提手内用绳。

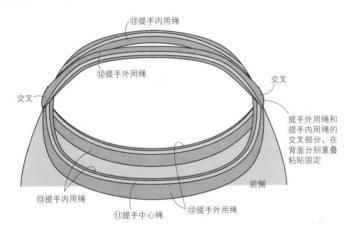

⑬提手内用绳

⑫提手外用绳

交叉　　　交叉

交叉

提手外用绳和提手内用绳的交叉部分，在背面分别重叠粘贴固定

⑬提手内用绳

前侧

⑪提手中心绳　　⑫提手外用绳

17 把⑭边缘钉缀绳缠绕边缘3圈，然后斜着绕过竖绳。按此方法缠绕边缘部分，末端在边缘内侧重叠1cm，裁剪、粘贴固定。

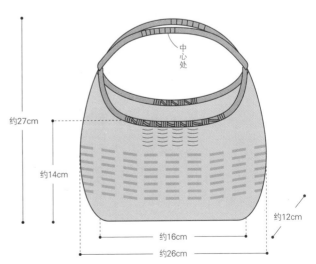

缠绕3圈　⑭边缘钉缀绳

竖绳

继续缠绕交叉部分

18 把⑮提手缠绕绳和提手中心处对齐，缠绕3圈⑮提手缠绕绳，然后在外侧⑫提手外用绳的下方缠绕1圈。1个花样制作完成。然后反复缠绕到交叉部分。

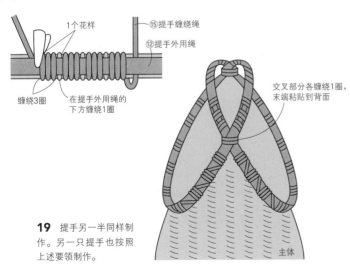

1个花样　　⑮提手缠绕绳

⑫提手外用绳

缠绕3圈

在提手外用绳的下方缠绕1圈

交叉部分各缠绕1圈，末端粘贴到背面

19 提手另一半同样制作。另一只提手也按照上述要领制作。

主体

完成

中心处

约27cm

约14cm

约12cm

约16cm

约26cm

船形提篮 彩图>>第19页

● 材料

纸藤（No.33/核桃色）30m卷…1卷

● 需要准备的相应股数和根数的纸藤

①横绳　　12股宽　9根 长59cm
②竖绳　　12股宽　7根 长53cm
③收尾绳　12股宽　2根 长13cm
④插入绳　12股宽　12根 长22cm
⑤收尾绳　12股宽　2根 长19cm
⑥编绳　　4股宽　6根 长69cm
⑦边缘中心绳 12股宽 1根 长69cm

⑧边缘外用绳　12股宽　1根 长71cm
⑨边缘内用绳　12股宽　1根 长69cm
⑩边缘钉缀绳　2股宽　1根 长210cm
⑪提手内用绳　6股宽　2根 长68cm
⑫提手外用绳　6股宽　2根 长69cm
⑬提手缠绕绳　2股宽　2根 长300cm
⑭提手锁边绳　2股宽　4根 长20cm

● 平面裁剪图　　■=多余部分

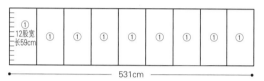

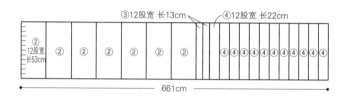

● 制作方法

裁剪、分割纸藤

参照平面裁剪图，裁剪、分割指定长度的纸藤。在①横绳和2根②竖绳的中心处做上标记。

>> 参照第27页裁剪、分割纸藤

编织方形底部

>> 参照第28页方形底部

〈底部内侧〉

4 把剩余的②竖绳如图所示每2根一起和横绳交叉摆放，粘贴。

●=提手位置

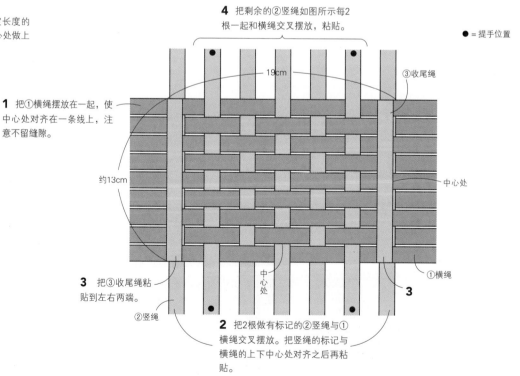

1 把①横绳摆放在一起，使中心处对齐在一条线上，注意不留缝隙。

3 把③收尾绳粘贴到左右两端。

2 把2根做有标记的②竖绳与①横绳交叉摆放。把竖绳的标记与横绳的上下中心处对齐之后再粘贴。

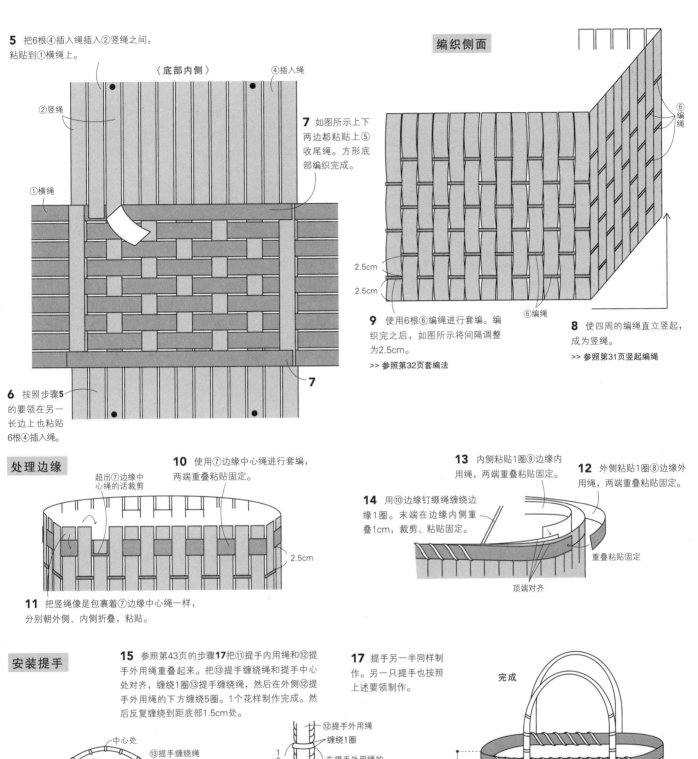

5 把6根④插入绳插入②竖绳之间，粘贴到①横绳上。

〈底部内侧〉

④插入绳

②竖绳

①横绳

7 如图所示上下两边都粘贴上⑤收尾绳。方形底部编织完成。

6 按照步骤**5**的要领在另一长边上也粘贴6根④插入绳。

编织侧面

⑥编绳

2.5cm
2.5cm
⑥编绳

9 使用6根⑥编绳进行套编。编织完之后，如图所示将间隔调整为2.5cm。

>> 参照第32页套编法

8 使四周的编绳直立竖起，成为竖绳。

>> 参照第31页竖起编绳

处理边缘

超出⑦边缘中心绳的话裁剪

10 使用⑦边缘中心绳进行套编，两端重叠粘贴固定。

2.5cm

11 把竖绳像是包裹着⑦边缘中心绳一样，分别朝外侧、内侧折叠，粘贴。

13 内侧粘贴1圈⑨边缘内用绳，两端重叠粘贴固定。

12 外侧粘贴1圈⑧边缘外用绳，两端重叠粘贴固定。

14 用⑩边缘钉缀绳缠绕边缘1圈。末端在边缘内侧重叠1cm，裁剪、粘贴固定。

重叠粘贴固定

顶端对齐

安装提手

15 参照第43页的步骤**17**把⑪提手内用绳和⑫提手外用绳重叠起来。把⑬提手缠绕绳和提手中心处对齐，缠绕1圈⑬提手缠绕绳，然后在外侧⑫提手外用绳的下方缠绕5圈。1个花样制作完成。然后反复缠绕到距底部1.5cm处。

17 提手另一半同样制作。另一只提手也按照上述要领制作。

完成

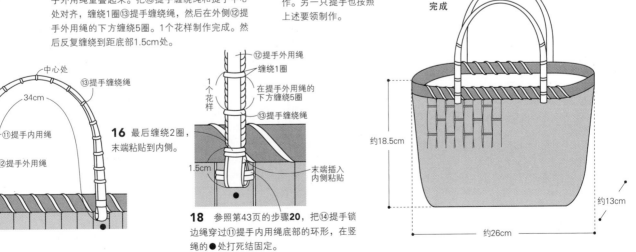

中心处
⑬提手缠绕绳
34cm
⑪提手内用绳
⑫提手外用绳

⑫提手外用绳
缠绕1圈
1个花样
在提手外用绳的下方缠绕5圈
⑬提手缠绕绳

16 最后缠绕2圈，末端粘贴到内侧。

1.5cm

末端插入内侧粘贴

18 参照第43页的步骤**20**，把⑭提手锁边绳穿过⑪提手内用绳底部的环形，在竖绳的●处打死结固定。

约18.5cm
约13cm
约26cm

斜编式提篮　彩图>>第20页

● 材料

纸藤（No.44/黑漆色、亮色款）30m卷…1卷、5m卷…2卷

● 需要准备的相应股数和根数的纸藤

①竖绳	12股宽	22根 长52cm	⑥边缘收尾绳	3股宽	1根 长95cm
②横绳	12股宽	8根 长74cm	⑦提手绳	12股宽	2根 长83cm
③编绳	6股宽	4根 长500cm	⑧提手装饰绳	6股宽	4根 长9cm
④边缘内用绳	12股宽	1根 长95cm	⑨提手缠绕绳	2股宽	2根 长550cm
⑤边缘外用绳	12股宽	1根 长95cm	⑩边缘装饰绳	4股宽	3根 长130cm

● 平面裁剪图　■ = 多余部分

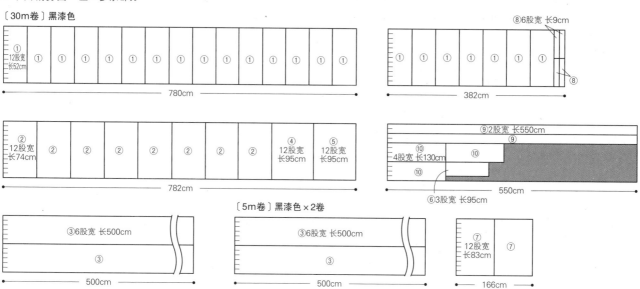

〔30m卷〕黑漆色

①12股宽 长52cm　①……①　　780cm

⑧6股宽 长9cm
①……①　⑧　　382cm

②12股宽 长74cm　②……②　④12股宽 长95cm　⑤12股宽 长95cm　782cm

⑨2股宽 长550cm
⑩4股宽 长130cm　⑩　⑨
⑥3股宽 长95cm　550cm

〔5m卷〕黑漆色×2卷

③6股宽 长500cm　③　500cm

③6股宽 长500cm　③　500cm

⑦12股宽 长83cm　⑦　166cm

● 制作方法

裁剪、分割纸藤

参照平面裁剪图，裁剪、分割指定长度的纸藤。在①竖绳、②横绳的中心处做上标记。

>> 参照第27页裁剪、分割纸藤

编织底部

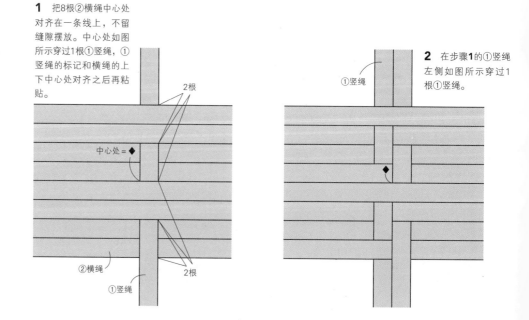

1　把8根②横绳中心处对齐在一条线上，不留缝隙摆放。中心处如图所示穿过1根①竖绳，①竖绳的标记和横绳的上下中心处对齐之后再粘贴。

2根

中心处 = ◆

②横绳

①竖绳

2根

2　在步骤1的①竖绳左侧如图所示穿过1根①竖绳。

①竖绳

64

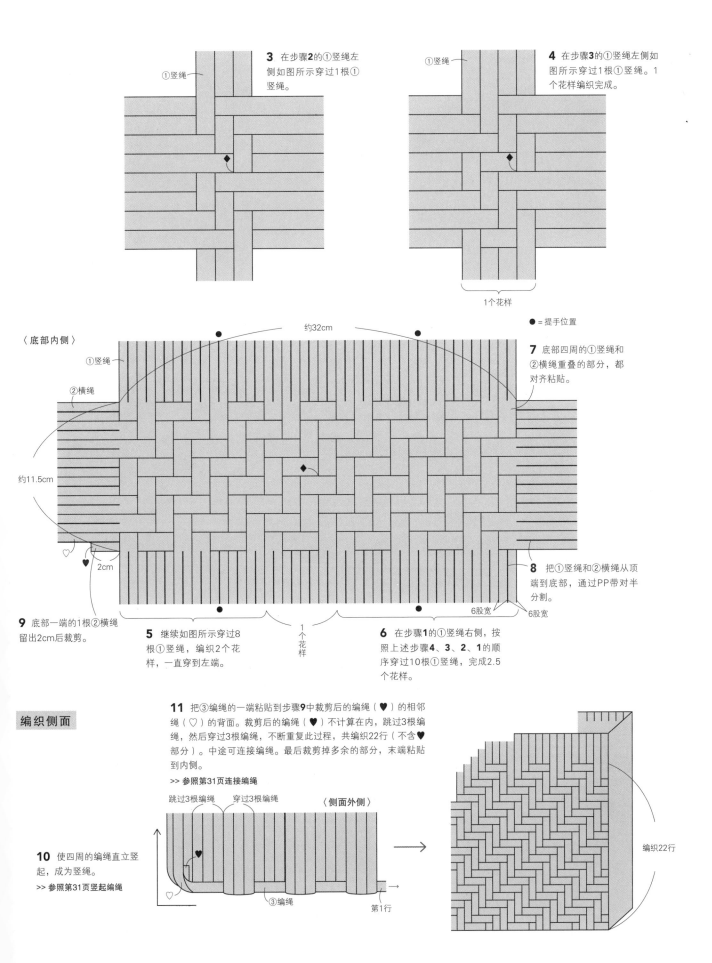

3 在步骤**2**的①竖绳左侧如图所示穿过1根①竖绳。

①竖绳

4 在步骤**3**的①竖绳左侧如图所示穿过1根①竖绳。1个花样编织完成。

①竖绳

1个花样

〈底部内侧〉

①竖绳

②横绳

约32cm

● = 提手位置

7 底部四周的①竖绳和②横绳重叠的部分，都对齐粘贴。

约11.5cm

2cm

6股宽

6股宽

8 把①竖绳和②横绳从顶端到底部，通过PP带对半分割。

9 底部一端的1根②横绳留出2cm后裁剪。

5 继续如图所示穿过8根①竖绳，编织2个花样，一直穿到左端。

1个花样

6 在步骤**1**的①竖绳右侧，按照上述步骤**4**、**3**、**2**、**1**的顺序穿过10根①竖绳，完成2.5个花样。

编织侧面

11 把③编绳的一端粘贴到步骤**9**中裁剪后的编绳（♥）的相邻绳（♡）的背面。裁剪后的编绳（♥）不计算在内，跳过3根编绳，然后穿过3根编绳，不断重复此过程，共编织22行（不含♥部分）。中途可连接编绳。最后裁剪掉多余的部分，末端粘贴到内侧。

>> 参照第31页连接编绳

跳过3根编绳　穿过3根编绳

〈侧面外侧〉

10 使四周的编绳直立竖起，成为竖绳。

>> 参照第31页竖起编绳

③编绳

第1行

编织22行

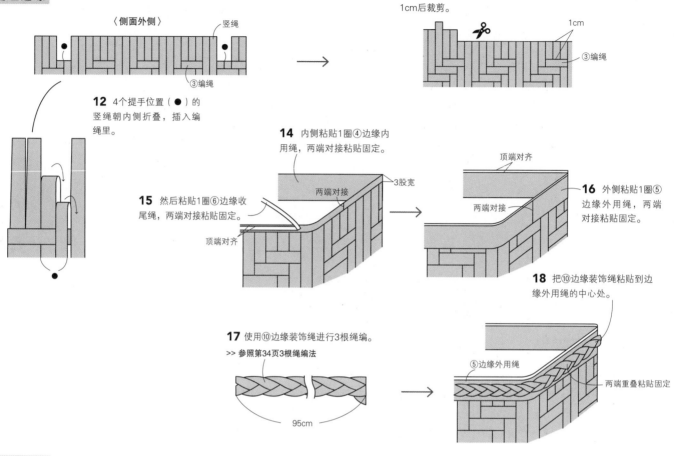

12 4个提手位置（●）的竖绳朝内侧折叠，插入编绳里。

〈侧面外侧〉 竖绳 ③编绳

13 剩余的竖绳留出1cm后裁剪。 1cm ③编绳

14 内侧粘贴1圈④边缘内用绳，两端对接粘贴固定。 两端对接 3股宽

15 然后粘贴1圈⑥边缘收尾绳，两端对接粘贴固定。 顶端对齐

16 外侧粘贴1圈⑤边缘外用绳，两端对接粘贴固定。 顶端对齐 两端对接

17 使用⑩边缘装饰绳进行3根绳编。
>> 参照第34页3根绳编法
95cm

18 把⑩边缘装饰绳粘贴到边缘外用绳的中心处。 ⑤边缘外用绳 两端重叠粘贴固定

安装提手

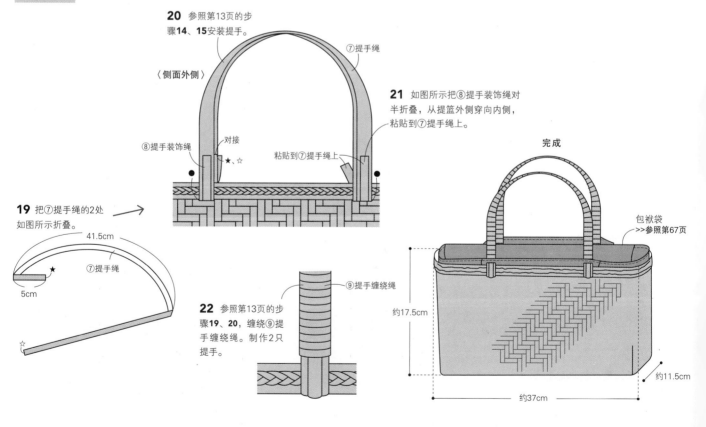

20 参照第13页的步骤**14**、**15**安装提手。 〈侧面外侧〉 ⑦提手绳

21 如图所示把⑧提手装饰绳对半折叠，从提篮外侧穿向内侧，粘贴到⑦提手绳上。

⑧提手装饰绳 对接 ★、☆ 粘贴到⑦提手绳上

19 把⑦提手绳的2处如图所示折叠。 41.5cm ⑦提手绳 5cm ★ ☆

22 参照第13页的步骤**19**、**20**，缠绕⑨提手缠绕绳。制作2只提手。 ⑨提手缠绕绳

完成 包袱袋 >>参照第67页 约17.5cm 约11.5cm 约37cm

66

斜编式提篮包袱袋的制作方法

● 准备材料

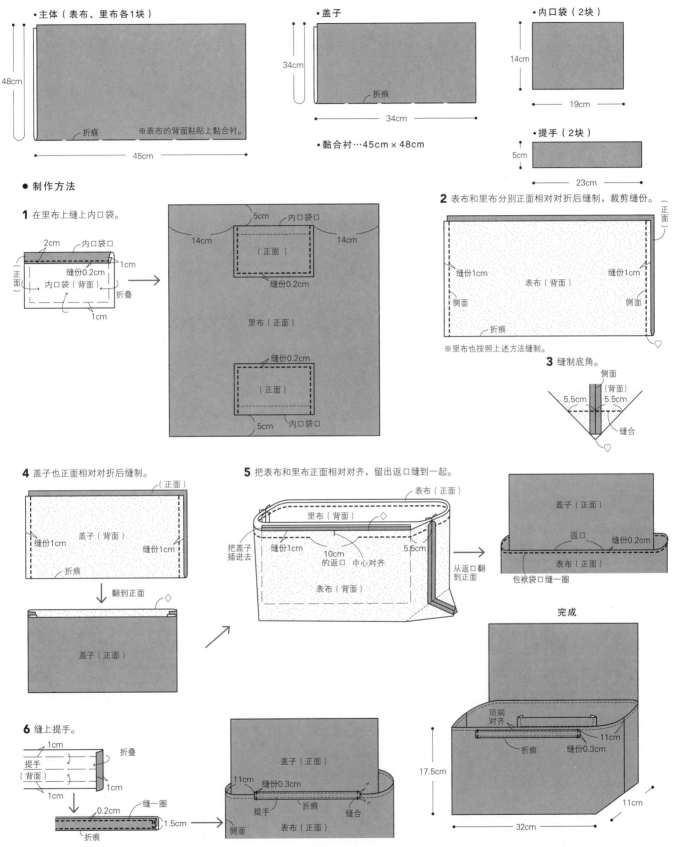

・主体（表布、里布各1块）
48cm
折痕
※表布的背面粘贴上黏合衬。
45cm

・盖子
34cm
折痕
34cm
・黏合衬…45cm×48cm

・内口袋（2块）
14cm
19cm

・提手（2块）
5cm
23cm

● 制作方法

1 在里布上缝上内口袋。
2cm
内口袋口
正面
缝份0.2cm
内口袋（背面）
折叠
1cm
1cm

5cm
内口袋口
14cm
14cm
（正面）
缝份0.2cm
里布（正面）
缝份0.2cm
（正面）
5cm
内口袋口

2 表布和里布分别正面相对对折后缝制，裁剪缝份。
（正面）
缝份1cm
缝份1cm
侧面
表布（背面）
侧面
折痕
※里布也按照上述方法缝制。

3 缝制底角。
侧面
（背面）
5.5cm
5.5cm
缝合

4 盖子也正面相对对折后缝制。
缝份1cm
盖子（背面）
缝份1cm
折痕
翻到正面
盖子（正面）

5 把表布和里布正面相对对齐，留出返口缝到一起。
表布（正面）
里布（背面）
把盖子插进去
缝份1cm
10cm的返口
中心对齐
5.5cm
表布（背面）
从返口翻到正面

盖子（正面）
返口
缝份0.2cm
表布（正面）
包袱袋口缝一圈

完成

6 缝上提手。
1cm
折叠
提手（背面）
1cm
1cm
0.2cm
缝一圈
折痕
1.5cm

盖子（正面）
11cm
缝份0.3cm
提手
折痕
缝合
侧面
表布（正面）

顶端对齐
11cm
折痕
缝份0.3cm
17.5cm
11cm
32cm

水珠花纹带盖提篮　彩图>>第6页

● 材料

纸藤（No.48/蓝绿色）30m卷…1卷
纸藤（No.2/白色）5m卷…1卷

● 需要准备的相应股数和根数的纸藤
※指定颜色以外采用蓝绿色。

①横绳	4股宽	5根 长50cm 白色	⑨盖子用绳	12股宽	18根 长19cm
②横绳	8股宽	4根 长12cm 白色	⑩盖子用绳	12股宽	13根 长13cm
③竖绳	4股宽	9根 长40cm 白色	⑪水珠花纹用绳	12股宽	1根 长30cm 白色
④收尾绳	4股宽	2根 长6.5cm 白色	⑫盖子边缘中心绳	3股宽	1根 长57cm
⑤编绳	2股宽	2根 长300cm 白色	⑬盖子边缘外用绳	7股宽	1根 长116cm
⑥插入绳	4股宽	8根 长20cm 白色	⑭盖子安装绳	1股宽	4根 长30cm
⑦编绳	4股宽	4根 长300cm	⑮提手绳	6股宽	4根 长46cm
⑧编绳	2股宽	3根 长190cm	⑯提手缠绕绳	2股宽	2根 长280cm

● 平面裁剪图 ▨=多余部分

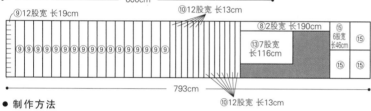

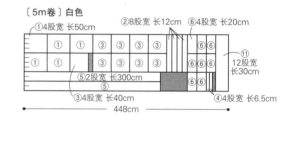

● 制作方法

裁剪、分割纸藤

参照平面裁剪图，裁剪、分割指定长度的纸藤。在①、②
横绳和2根③竖绳的中心处做上标记。

>> 参照第27页裁剪、分割纸藤

编织椭圆形底部

>> 参照第29页椭圆形底部

●=提手位置
◎=盖子位置

〈底部内侧〉

1 把①横绳和②横绳的中心
处对齐在一条线上，注意不留
缝隙，如图所示交替摆放。

4 把剩余的③竖绳如图所示每2根
一起和横绳交叉摆放，粘贴。

①横绳
④收尾绳
中心处
约6.5cm
②横绳
③竖绳
12cm
中心处

3 把④收尾绳粘
贴到左右两端。

2 把2根做有标记的③竖绳交叉摆放
到②横绳的下面。把③竖绳的标记
与横绳的上下中心处对齐之后再粘
贴。

5 使用2根⑤编绳进行4圈（8行）直编。
编绳暂不裁剪。

>> 参照第33页直编法

7 继续使用步骤5中的⑤编绳
进行2圈（4行）直编。裁剪
掉多余的部分，末端粘贴到
竖绳的背面。椭圆形底部编
织完成。

⑥插入绳

6 每个角粘贴2根
⑥插入绳。

编织侧面

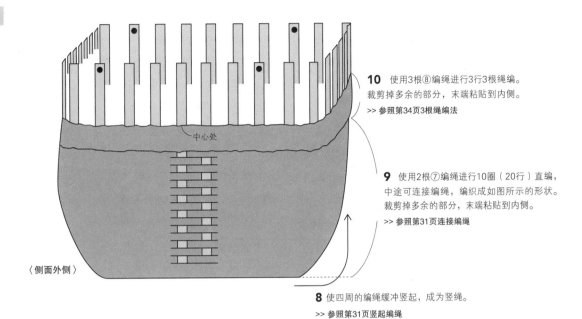

〈侧面外侧〉

中心处

10 使用3根⑧编绳进行3行3根绳编。裁剪掉多余的部分，末端粘贴到内侧）。

>> **参照第34页3根绳编法**

9 使用2根⑦编绳进行10圈（20行）直编，中途可连接编绳，编织成如图所示的形状。裁剪掉多余的部分，末端粘贴到内侧。

>> **参照第31页连接编绳**

8 使四周的编绳缓冲竖起，成为竖绳。

>> **参照第31页竖起编绳**

处理边缘

11 把竖绳像是包裹着最上面1行编绳一样朝内侧折叠，留出2.5cm后裁剪掉多余的部分。然后把裁剪后的竖绳从第1行或者第2行插进内侧的编绳里。

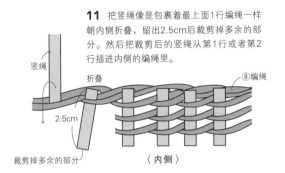

竖绳

折叠

⑧编绳

2.5cm

裁剪掉多余的部分

〈内侧〉

制作盖子

12 在9根⑨盖子用绳上用打孔机打小孔。

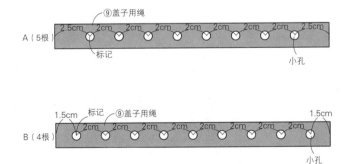

⑨盖子用绳

A（5根）

2.5cm 2cm 2cm 2cm 2cm 2cm 2cm 2cm 2.5cm

标记

小孔

标记 ⑨盖子用绳

B（4根）

1.5cm 2cm 2cm 2cm 2cm 2cm 2cm 2cm 1.5cm

小孔

⑪水珠花纹用绳

小孔

13 在⑪水珠花纹用绳上用打孔机打小孔，共计做76个圆形小片。

14 把双面胶粘贴到切割垫上，把步骤**12**的编绳不留缝隙地如图所示摆放到一起。

双面胶
⑨盖子用绳

A
B
A
B
A
B
A
B
A

15 粘贴上⑩盖子用绳。

黏合剂
⑩盖子用绳

16 把剩下的9根⑨盖子用绳粘贴到步骤**15**中的⑩盖子用绳上。

⑨盖子用绳

17 小孔里涂上黏合剂，粘贴上步骤**13**中的圆形小片。

步骤**13**中的圆形小片
小孔

翻到正面

如果盖子大于主体，需要左右、上下均衡裁剪或者配合主体尺寸裁剪

18 盖子的4个角对齐主体边缘裁剪。

〈盖子侧面断面图〉

上面
⑨
⑩
⑨
3股宽
⑫
2股宽
盖子侧面中心线
2股宽
⑬盖子边缘外用绳

19 把⑫盖子边缘中心绳在盖子外围粘贴1圈。其中4处错开0.5cm不粘贴，然后裁剪盖子边缘中心绳，粘贴。

0.5cm
0.5cm 0.5cm
背面一侧
11.5cm
0.5cm
0.5cm 0.5cm

盖子正面

⑫盖子边缘中心绳

20 在⑫盖子边缘中心绳的四周，从背面一侧中心处开始粘贴2圈⑬盖子边缘外用绳。粘贴结束时在粘贴开始处裁剪，粘贴固定。

21 把2根⑭盖子安装绳穿过小孔。

2根
穿过小孔
粘贴结束
小孔
背面一侧中心处（粘贴开始）
⑭盖子安装绳
⑭盖子安装绳
⑫盖子边缘中心绳
⑬盖子边缘外用绳

盖子正面

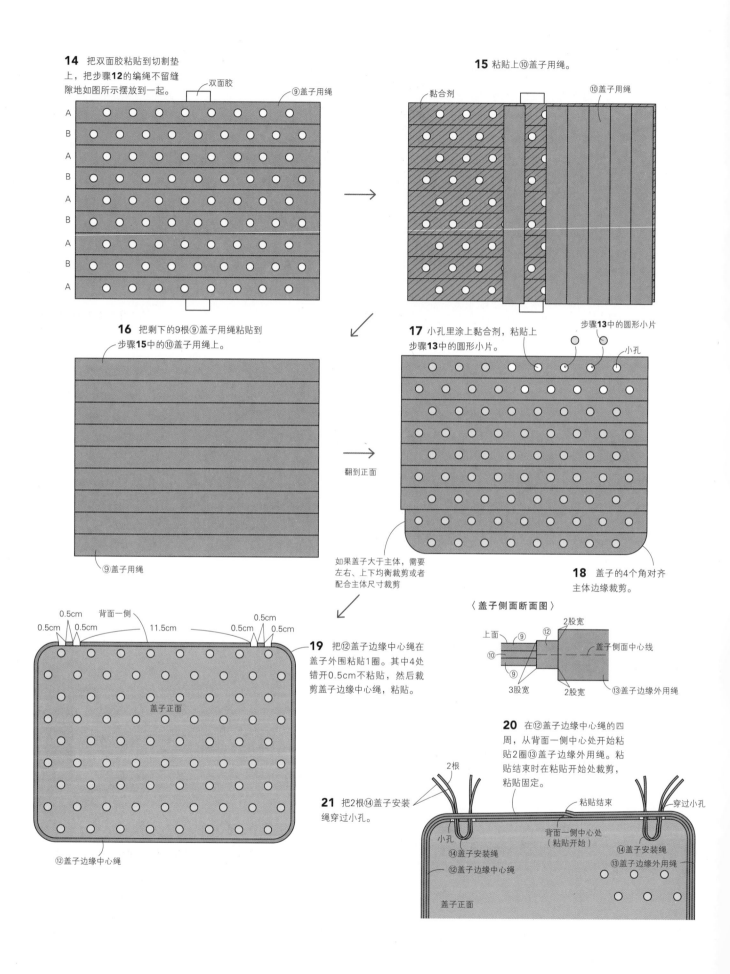

70

安装盖子

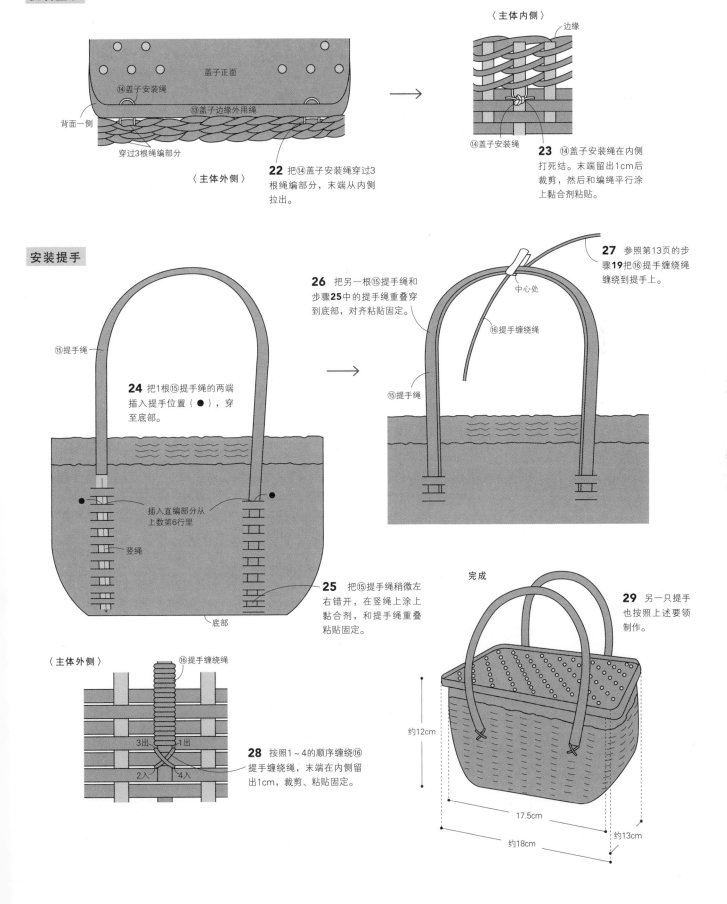

背面一侧

⑭盖子安装绳

⑬盖子边缘外用绳

盖子正面

穿过3根绳编部分

〈主体外侧〉

22 把⑭盖子安装绳穿过3根绳编部分，末端从内侧拉出。

〈主体内侧〉

边缘

⑭盖子安装绳

23 ⑭盖子安装绳在内侧打死结。末端留出1cm后裁剪，然后和编绳平行涂上黏合剂粘贴。

安装提手

⑮提手绳

24 把1根⑮提手绳的两端插入提手位置（●），穿至底部。

插入直编部分从上数第6行里

竖绳

底部

25 把⑮提手绳稍微左右错开，在竖绳上涂上黏合剂，和提手绳重叠粘贴固定。

26 把另一根⑮提手绳和步骤**25**中的提手绳重叠穿到底部，对齐粘贴固定。

27 参照第13页的步骤**19**把⑯提手缠绕绳缠绕到提手上。

中心处

⑯提手缠绕绳

⑮提手绳

〈主体外侧〉

⑯提手缠绕绳

3出　1出

2入　4入

28 按照1~4的顺序缠绕⑯提手缠绕绳，末端在内侧留出1cm，裁剪、粘贴固定。

完成

29 另一只提手也按照上述要领制作。

约12cm

17.5cm

约18cm

约13cm

a

b

彩色简约提篮　彩图>>第7页

● **材料**

※基本款为a。〈　〉内为b。

纸藤（No.1/牛皮色〈No.26/抹茶色〉）30m卷…1卷
纸藤（No.43/珍珠白色〈No.25/松叶色〉）30m卷…1卷
纸藤（No.4/红色A〈No.12/橙色〉）5m卷…1卷
纸藤（No.18/深蓝色〈No.32/黑茶色〉）5m卷…1卷

● **需要准备的相应股数和根数的纸藤**

※基本款为a。〈　〉内为b。

①横绳	6股宽	7根	长100cm	牛皮色〈抹茶色〉
②横绳	8股宽	6根	长37cm	牛皮色〈抹茶色〉
③竖绳	6股宽	21根	长74cm	牛皮色〈抹茶色〉
④收尾绳	6股宽	2根	长11cm	牛皮色〈抹茶色〉
⑤编绳	4股宽	2根	长320cm	牛皮色〈抹茶色〉
⑥编绳	3股宽	2根	长540cm	珍珠白色〈松叶色〉
⑦编绳	2股宽	2根	长540cm	珍珠白色〈松叶色〉
⑧编绳	4股宽	2根	长590cm	珍珠白色〈松叶色〉
⑨编绳	3股宽	2根	长590cm	珍珠白色〈松叶色〉
⑩编绳	3股宽	1根	长320cm	红色A〈橙色〉
⑪编绳	2股宽	1根	长320cm	红色A〈橙色〉
⑫编绳	2股宽	2根	长420cm	深蓝色〈黑茶色〉
⑬编绳	3股宽	2根	长470cm	珍珠白色〈松叶色〉
⑭编绳	3股宽	2根	长450cm	牛皮色〈抹茶色〉
⑮边缘处理绳	8股宽	2根	长98cm	牛皮色〈抹茶色〉
⑯提手绳	12股宽	2根	长139cm	牛皮色〈抹茶色〉
⑰提手装饰绳	3股宽	2根	长40cm	红色A〈橙色〉
⑱提手装饰绳	2股宽	4根	长40cm	深蓝色〈黑茶色〉
⑲提手缠绕绳	2股宽	2根	长630cm	珍珠白色〈松叶色〉
⑳边缘绳	4股宽	2根	长400cm	珍珠白色〈松叶色〉

● **平面裁剪图**　■＝多余部分　※基本款为a。〈　〉内为b。

〔30m卷〕牛皮色〈抹茶色〉

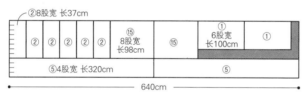

②8股宽 长37cm

②	②	②	②	②	⑮ 8股宽 长98cm	⑮	① 6股宽 长100cm	①

⑤4股宽 长320cm ｜ ⑤

640cm

①	①	⑯ 12股宽 长139cm	⑯
①	①		

478cm

⑭3股宽 长450cm
⑭

① 6股宽 长100cm	③ 6股宽 长74cm	③	③	③	

450cm

③	③	③	③	③	③	③	③	③
③	③	③	③	③	③	③		

④6股宽 长11cm

666cm

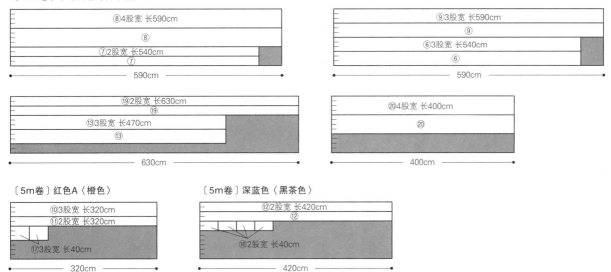

[30m卷] 珍珠白色〈松叶色〉

⑧4股宽 长590cm
⑧
⑦2股宽 长540cm
⑦
590cm

⑨3股宽 长590cm
⑨
⑥3股宽 长540cm
⑥
590cm

⑲2股宽 长630cm
⑲
⑬3股宽 长470cm
⑬
630cm

⑳4股宽 长400cm
⑳
400cm

[5m卷] 红色A〈橙色〉
⑩3股宽 长320cm
⑪2股宽 长320cm
⑰3股宽 长40cm
320cm

[5m卷] 深蓝色〈黑茶色〉
⑫2股宽 长420cm
⑫
⑱2股宽 长40cm
420cm

● 制作方法

裁剪、分割纸藤

参照平面裁剪图, 裁剪、分割指定长度的纸藤。在
①、②横绳, 2根③竖绳, ⑰、⑱提手装饰绳的中
心处做上标记。

>> 参照第27页裁剪、分割纸藤

编织方形底部

>> 参照第28页方形底部

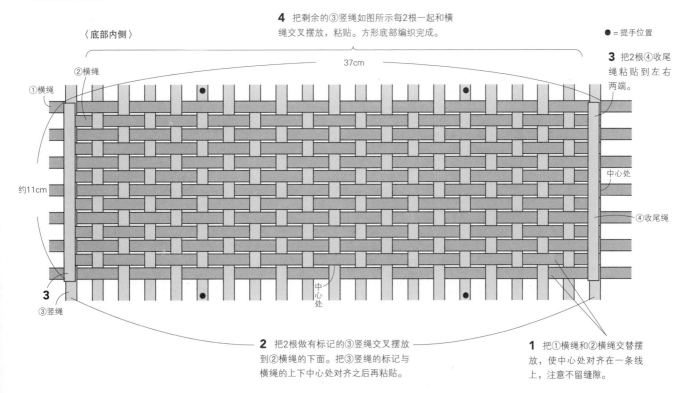

4 把剩余的③竖绳如图所示每2根一起和横绳交叉摆放, 粘贴。方形底部编织完成。

〈底部内侧〉

② 横绳
① 横绳

约11cm

3
③竖绳

37cm

● = 提手位置

3 把2根④收尾绳粘贴到左右两端。

中心处

④收尾绳

中心处

2 把2根做有标记的③竖绳交叉摆放到②横绳的下面。把③竖绳的标记与横绳的上下中心处对齐之后再粘贴。

1 把①横绳和②横绳交替摆放, 使中心处对齐在一条线上, 注意不留缝隙。

编织侧面

※编织到指定行数之后，把⑤~⑭编绳多余的部分裁剪掉，末端粘贴到内侧。

〈侧面外侧〉

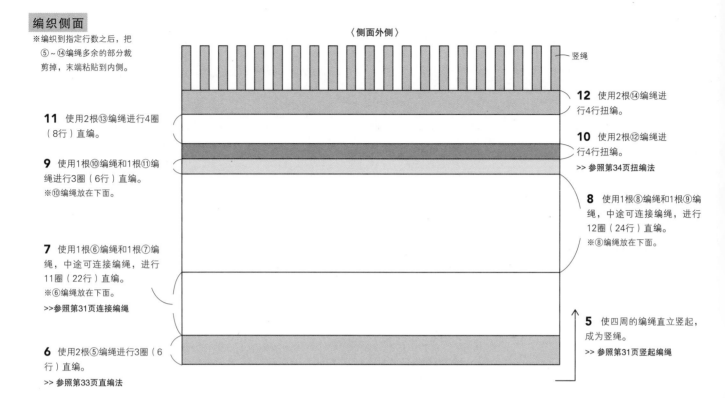

竖绳

11 使用2根⑬编绳进行4圈（8行）直编。

9 使用1根⑩编绳和1根⑪编绳进行3圈（6行）直编。
※⑩编绳放在下面。

7 使用1根⑥编绳和1根⑦编绳，中途可连接编绳，进行11圈（22行）直编。
※⑥编绳放在下面。
>>参照第31页连接编绳

6 使用2根⑤编绳进行3圈（6行）直编。
>> 参照第33页直编法

12 使用2根⑭编绳进行4行扭编。

10 使用2根⑫编绳进行4行扭编。
>> 参照第34页扭编法

8 使用1根⑧编绳和1根⑨编绳，中途可连接编绳，进行12圈（24行）直编。
※⑧编绳放在下面。

5 使四周的编绳直立竖起，成为竖绳。
>> 参照第31页竖起编绳

处理边缘

13 把提手位置（●）的竖绳像是包裹着最上面1行编绳一样朝内侧折叠，然后把竖绳从第1行或者第2行插进内侧的编绳里。

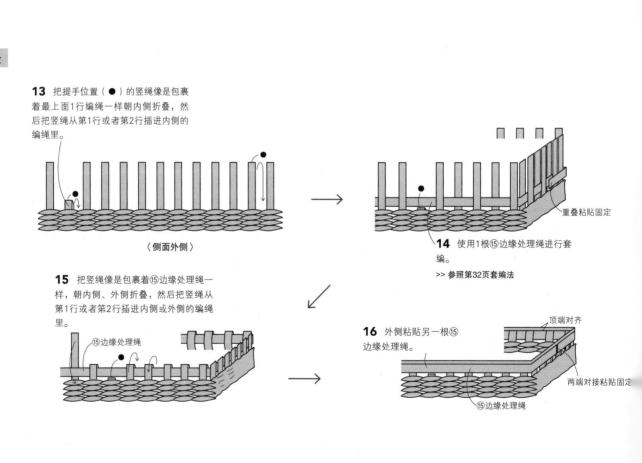

〈侧面外侧〉

重叠粘贴固定

14 使用1根⑮边缘处理绳进行套编。
>> 参照第32页套编法

15 把竖绳像是包裹着⑮边缘处理绳一样，朝内侧、外侧折叠，然后把竖绳从第1行或者第2行插进内侧或外侧的编绳里。

⑮边缘处理绳

16 外侧粘贴另一根⑮边缘处理绳。

顶端对齐

两端对接粘贴固定

⑮边缘处理绳

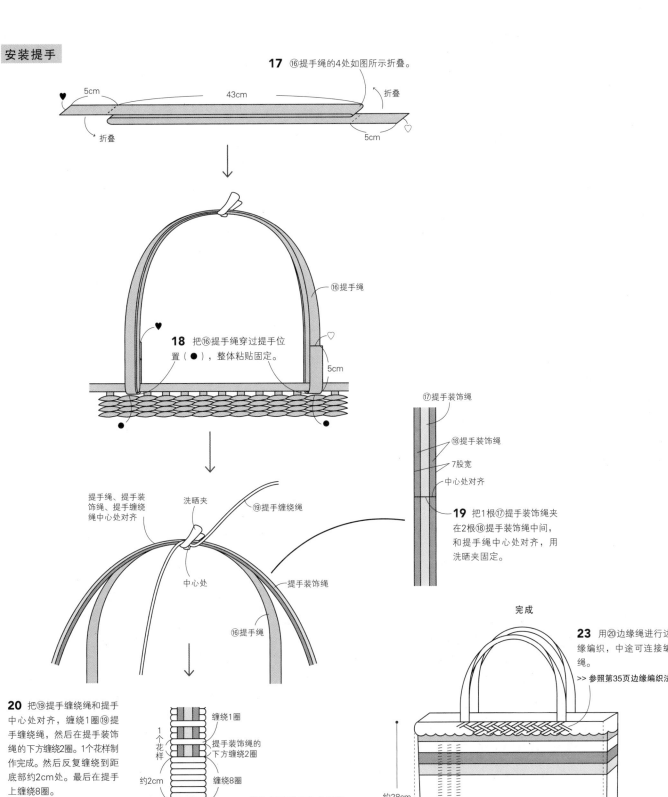

安装提手

17 ⑯提手绳的4处如图所示折叠。

5cm　43cm　折叠

折叠　5cm

⑯提手绳

18 把⑯提手绳穿过提手位置（●），整体粘贴固定。

5cm

⑰提手装饰绳

⑱提手装饰绳

7股宽

中心处对齐

19 把1根⑰提手装饰绳夹在2根⑱提手装饰绳中间，和提手绳中心处对齐，用洗晒夹固定。

提手绳、提手装饰绳、提手缠绕绳中心处对齐

洗晒夹

⑲提手缠绕绳

中心处

提手装饰绳

⑯提手绳

20 把⑲提手缠绕绳和提手中心处对齐，缠绕1圈⑲提手缠绕绳，然后在提手装饰绳的下方缠绕2圈。1个花样制作完成。然后反复缠绕到距底部约2cm处。最后在提手上缠绕8圈。

缠绕1圈

1个花样

提手装饰绳的下方缠绕2圈

约2cm

缠绕8圈

环形

⑯提手绳

⑮边缘处理绳

21 缠绕结束处参照第13页的步骤**20**进行处理。

22 提手另一半同样制作。另一只提手也按照上述要领制作。

完成

23 用⑳边缘绳进行边缘编织，中途可连接编绳。

>> 参照第35页边缘编织法

约28cm

约39cm　约14.5cm

75

a

b

圆底提篮　彩图>>第23页

● 材料

a 纸藤（K-1601/米白色）30m卷 ··· 1卷、（K-1405/深蓝色）10m卷 ··· 1卷、（H-1704/蓝灰色）10m卷 ··· 1卷
b 纸藤（K-2611/浅棕色）30m卷 ··· 1卷、（H-06/巧克力色）10m卷 ··· 1卷、（H-09/咖啡色）10m卷 ··· 1卷

● 需要准备的相应股数和根数的纸藤

※基本款为a。〈　〉内为b。

①竖绳	4股宽	8根 长82cm	米白色〈浅棕色〉	⑫编绳	3股宽	2根 长300cm	蓝灰色〈咖啡色〉
②编绳	2股宽	2根 长650cm	米白色〈浅棕色〉	⑬编绳	2股宽	2根 长300cm	米白色〈浅棕色〉
③插入绳	6股宽	16根 长38cm	米白色〈浅棕色〉	⑭编绳	4股宽	2根 长280cm	蓝灰色〈咖啡色〉
④编绳	2股宽	1根 长330cm	深蓝色〈巧克力色〉	⑮编绳	3股宽	2根 长280cm	米白色〈浅棕色〉
⑤编绳	2股宽	1根 长330cm	米白色〈浅棕色〉	⑯编绳	3股宽	2根 长420cm	蓝灰色〈咖啡色〉
⑥编绳	4股宽	2根 长280cm	深蓝色〈巧克力色〉	⑰边缘绳	10股宽	2根 长100cm	蓝灰色〈咖啡色〉
⑦编绳	3股宽	2根 长280cm	米白色〈浅棕色〉	⑱边缘装饰绳	2股宽	1根 长100cm	米白色〈浅棕色〉
⑧编绳	3股宽	2根 长300cm	深蓝色〈巧克力色〉	⑲边缘装饰绳	3股宽	2根 长150cm	米白色〈浅棕色〉
⑨编绳	2股宽	2根 长300cm	米白色〈浅棕色〉	⑳提手绳	10股宽	2根 长90cm	深蓝色〈巧克力色〉
⑩编绳	2股宽	2根 长320cm	蓝灰色〈咖啡色〉	㉑提手装饰绳	4股宽	2根 长62cm	米白色〈浅棕色〉
⑪编绳	2股宽	2根 长320cm	米白色〈浅棕色〉	㉒提手缠绕绳	2股宽	2根 长500cm	深蓝色〈巧克力色〉

● 制作方法

裁剪、分割纸藤

参照平面裁剪图，裁剪、分割指定长度的纸藤。在①竖绳的中心处做上标记。

>> 参照第27页裁剪、分割纸藤

编织圆形底部

>> 参照第29页圆形底部

1 把2根①竖绳十字交叉摆放。把剩余的①竖绳也按照同样的方法摆放。共计做4组，如图所示摆放、粘贴固定。

3 把③插入绳插入竖绳之间的直编部分并粘贴。

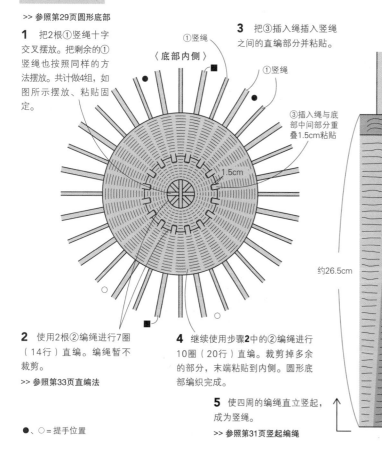

〈底部内侧〉
①竖绳
①竖绳
③插入绳与底部中间部分重叠1.5cm粘贴
1.5cm
●、○=提手位置

2 使用2根②编绳进行7圈（14行）直编。编绳暂不裁剪。

>> 参照第33页直编法

4 继续使用步骤2中的②编绳进行10圈（20行）直编。裁剪掉多余的部分，末端粘贴到内侧。圆形底部编织完成。

5 使四周的编绳直立竖起，成为竖绳。

>> 参照第31页竖起编绳

〈侧面外侧〉

编织侧面

※编织到指定行数之后，裁剪掉多余的部分，末端粘贴到内侧。

约26.5cm

12 使用2根⑯编绳进行4行反向扭编。

11 使用⑭编绳和⑮编绳进行6圈（12行）直编。中途可连接编绳。
※⑭编绳在下面，穿过插入绳的上方。

10 使用⑫编绳和⑬编绳进行7圈（14行）直编。中途可连接编绳。
※⑫编绳在下面，穿过插入绳的上方。

9 使用⑩编绳和⑪编绳进行8圈（16行）直编。中途可连接编绳。
※⑩编绳在下面，穿过插入绳的上方。

8 使用⑧编绳和⑨编绳进行8圈（16行）直编。中途可连接编绳。
※⑧编绳在下面，穿过插入绳的上方。

7 使用⑥编绳和⑦编绳进行8圈（16行）直编。中途可连接编绳。
※⑥编绳在下面，穿过插入绳的上方。

>> 参照第31页连接编绳

6 使用④编绳和⑤编绳进行5行反向扭编。
※④编绳在下面，穿过插入绳的上方。

>> 参照第34页扭编法、反向扭编法

● 平面裁剪图
■ = 多余部分
※基本款为a。
〈 〉内为b。

[30m卷]米白色〈浅棕色〉

①4股宽 长82cm	①	①	①
①	①	①	①
⑲3股宽 长150cm	⑲		

—— 328cm ——

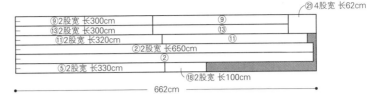

		㉑4股宽 长62cm
⑨2股宽 长300cm	⑨	
⑬2股宽 长300cm	⑬	
⑪2股宽 长320cm	⑪	
②2股宽 长650cm	②	
⑤2股宽 长330cm	⑱2股宽 长100cm	

—— 662cm ——

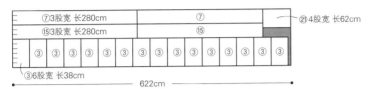

⑦3股宽 长280cm	⑦	㉑4股宽 长62cm
⑮3股宽 长280cm	⑮	
③ ③ ③ ③ ③ ③ ③ ③ ③ ③ ③ ③ ③ ③ ③		

③6股宽 长38cm

—— 622cm ——

[10m卷]深蓝色〈巧克力色〉

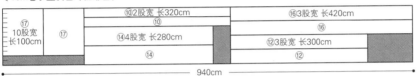

㉒2股宽 长500cm	⑳		⑧3股宽 长300cm
㉒	⑳10股宽 长90cm	⑳	⑧
⑥4股宽 长280cm			
⑥		④2股宽 长330cm	

—— 980cm ——

[10m卷]蓝灰色〈咖啡色〉

⑰10股宽 长100cm	⑰	⑩2股宽 长320cm	⑯3股宽 长420cm
⑰		⑩	⑯
		⑭4股宽 长280cm	⑫3股宽 长300cm
		⑭	⑫

—— 940cm ——

处理边缘

13 使用1根⑰边缘绳进行套编，粘贴固定。

>> 参照第32页套编法

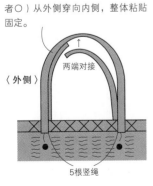

⑰边缘绳
折叠

14 把竖绳朝内侧或者外侧折叠，宛如包裹着⑰边缘绳。然后把竖绳从第1行或者第2行插进反向扭编部分里。

15 边缘外侧涂上1cm宽的黏合剂，再粘贴1根⑰边缘绳，两端重叠粘贴固定。

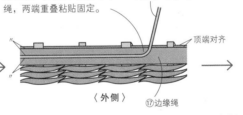

〈外侧〉
⑰边缘绳
顶端对齐

16 ⑱边缘装饰绳上涂上黏合剂，粘贴到⑰边缘绳的中心处。最后对接粘贴固定，裁剪掉多余的部分。

17 把1根⑲边缘装饰绳一端粘贴到⑰边缘绳的内侧，如图所示斜着缠绕边缘。末端与粘贴开始处重叠1cm，裁剪后粘贴固定。

⑲边缘装饰绳

18 再用1根⑲边缘装饰绳按照上述步骤进行缠绕，和前1根⑲边缘装饰绳交叉，斜着缠绕边缘。

⑲
⑰边缘绳
〈内侧〉
粘贴开始处

安装提手

19 把⑳提手绳在提手位置（●或者○）从外侧穿向内侧，整体粘贴固定。

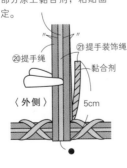

〈外侧〉
两端对接
5根竖绳

20 把㉑提手装饰绳和⑳提手绳的中心处对齐，从外侧穿向内侧，内侧端5cm部分涂上黏合剂，粘贴固定。

⑳提手绳
㉑提手装饰绳
黏合剂
〈外侧〉
5cm

22 把㉒提手缠绕绳缠绕到提手上4圈。然后在㉑提手装饰绳的下方绕上1圈，再缠绕到提手上2圈，1个花样制作完成。然后反复缠绕到另一端，最后缠绕到提手绳上4圈。㉑提手装饰绳的末端和步骤**20**一样粘贴到内侧，把㉒提手缠绕绳的末端参照第13页的步骤**20**进行处理。

23 另一只提手也按照上述要领制作。

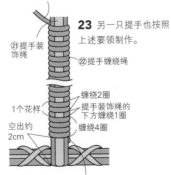

㉑提手装饰绳
㉒提手缠绕绳
缠绕2圈
1个花样
提手装饰绳的下方缠绕1圈
空出约2cm
缠绕4圈

21 把㉒提手缠绕绳粘贴固定到提手绳一端底部的环形上。

完成

包袱袋
>> 参照第78页
约28cm
约18cm
约18cm
约32cm

77

圆底提篮包袱袋的制作方法

● **准备材料** ※用布均裁剪成块。

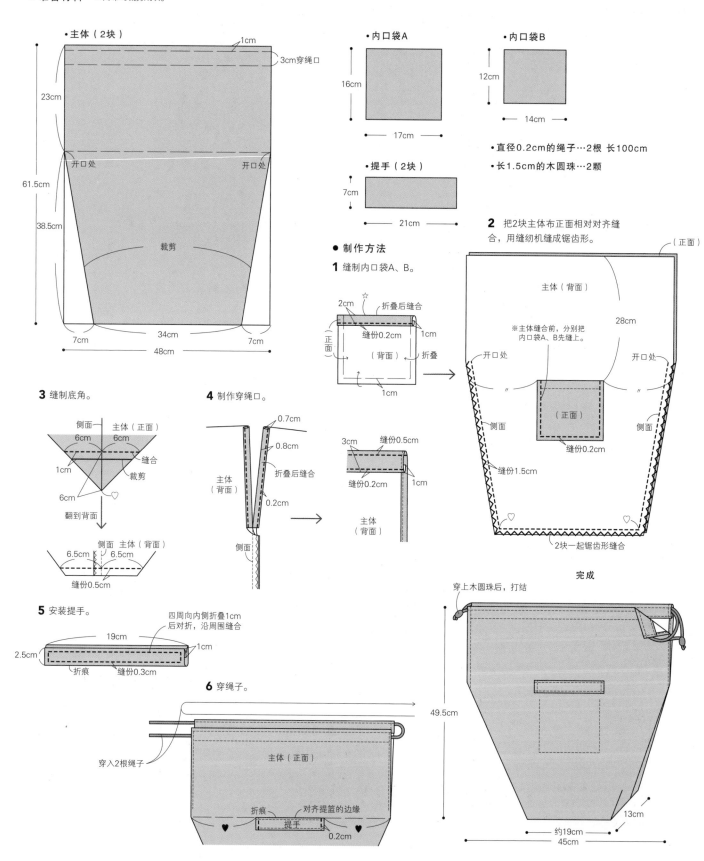

● 主体（2块）

1cm
3cm穿绳口
23cm
61.5cm
38.5cm
开口处　　　开口处
裁剪
7cm　　34cm　　7cm
48cm

● 内口袋A
16cm
17cm

● 内口袋B
12cm
14cm

● 提手（2块）
7cm
21cm

● 直径0.2cm的绳子…2根 长100cm
● 长1.5cm的木圆珠…2颗

● **制作方法**

1 缝制内口袋A、B。

2cm ☆
折叠后缝合
正面
缝份0.2cm　1cm
（背面）
折叠
1cm

2 把2块主体布正面相对对齐缝
合，用缝纫机缝成锯齿形。

（正面）

主体（背面）

※主体缝合前，分别把
内口袋A、B先缝上。

28cm

开口处　　　开口处
侧面　　　　侧面
（正面）
缝份0.2cm
缝份1.5cm
2块一起锯齿形缝合

3 缝制底角。

侧面　主体（正面）
6cm　6cm
1cm
缝合
裁剪
6cm
♡
翻到背面

侧面　主体（背面）
6.5cm　6.5cm
缝份0.5cm

4 制作穿绳口。

0.7cm
0.8cm
折叠后缝合
主体
（背面）
0.2cm
侧面

3cm　缝份0.5cm
缝份0.2cm　1cm
主体
（背面）

5 安装提手。

四周向内侧折叠1cm
后对折，沿周围缝合
19cm
1cm
2.5cm
折痕　缝份0.3cm

6 穿绳子。

穿入2根绳子
主体（正面）
折痕　对齐提篮的边缘
提手
0.2cm

完成

穿上木圆珠后，打结
49.5cm
约19cm
45cm
13cm

78

麻花边缘提篮　彩图>>第18页

● 材料

纸藤（No.9/咖啡色、浅色系）30m卷 …1卷

● 需要准备的相应股数和根数的纸藤

①横绳	6股宽	7根	长64cm
②横绳	8股宽	6根	长18cm
③竖绳	6股宽	11根	长57cm
④收尾绳	6股宽	2根	长11cm
⑤编绳	2股宽	2根	长340cm
⑥插入绳	6股宽	8根	长23cm
⑦编绳	2股宽	3根	长400cm
⑧编绳	3股宽	4根	长500cm
⑨编绳	2股宽	4根	长100cm
⑩编绳	2股宽	3根	长550cm
⑪边缘装饰绳	1股宽	24根	长100cm
⑫提手装饰绳	1股宽	36根	长60cm
⑬提手绳	12股宽	3根	长40cm

● 平面裁剪图　■=多余部分

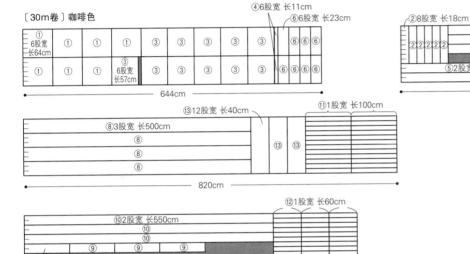

● 制作方法

裁剪、分割纸藤

参照平面裁剪图，裁剪、分割指定长度的纸藤。在①、②横绳和2根③竖绳的中心处做上标记。

>> 参照第27页裁剪、分割纸藤

编织椭圆形底部

参照第29页椭圆形底部

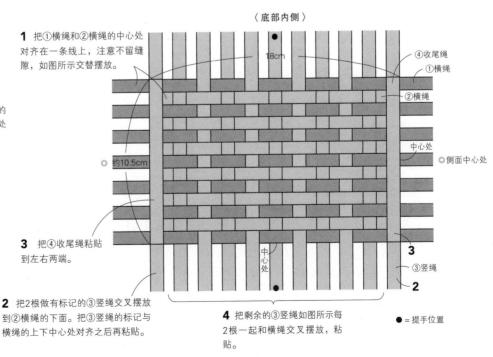

〈底部内侧〉

1 把①横绳和②横绳的中心处对齐在一条线上，注意不留缝隙，如图所示交替摆放。

3 把④收尾绳粘贴到左右两端。

2 把2根做有标记的③竖绳交叉摆放到②横绳的下面。把③竖绳的标记与横绳的上下中心处对齐之后再粘贴。

4 把剩余的③竖绳如图所示每2根一起和横绳交叉摆放，粘贴。

● =提手位置

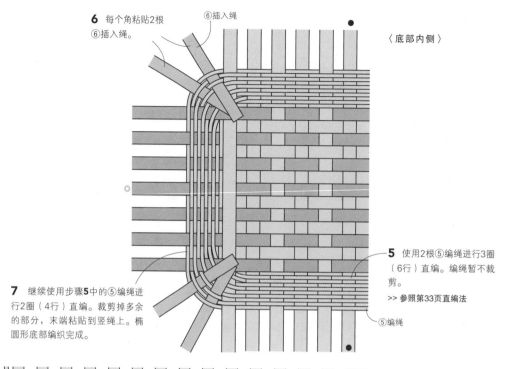

6 每个角粘贴2根
⑥插入绳。

⑥插入绳

〈底部内侧〉

5 使用2根⑤编绳进行3圈
（6行）直编。编绳暂不栽
剪。

>> 参照第33页直编法

⑤编绳

7 继续使用步骤**5**中的⑤编绳进行2圈（4行）直编。裁剪掉多余的部分，末端粘贴到竖绳上。椭圆形底部编织完成。

编织侧面

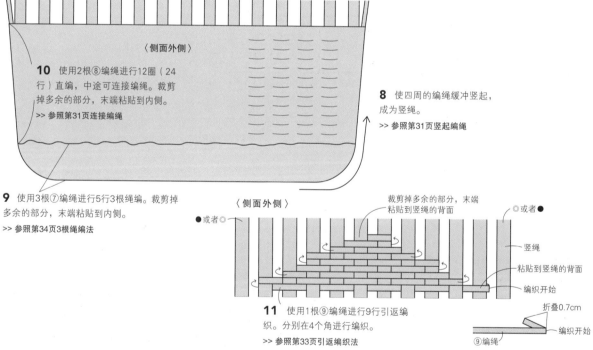

〈侧面外侧〉

10 使用2根⑧编绳进行12圈（24行）直编，中途可连接编绳。裁剪掉多余的部分，末端粘贴到内侧。

>> 参照第31页连接编绳

8 使四周的编绳缓冲竖起，成为竖绳。

>> 参照第31页竖起编绳

9 使用3根⑦编绳进行5行3根绳编。裁剪掉多余的部分，末端粘贴到内侧。

>> 参照第34页3根绳编法

〈侧面外侧〉

裁剪掉多余的部分，末端
粘贴到竖绳的背面

●或者◎

◎或者●

竖绳

粘贴到竖绳的背面

编织开始

11 使用1根⑨编绳进行9行引返编织。分别在4个角进行编织。

>> 参照第33页引返编织法

折叠0.7cm

编织开始

⑨编绳

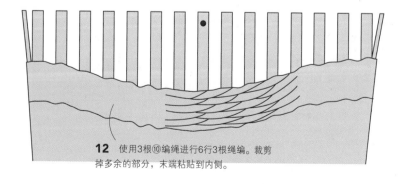

12 使用3根⑩编绳进行6行3根绳编。裁剪掉多余的部分，末端粘贴到内侧。

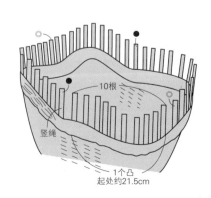

◎

●

10根

竖绳

1个凸
起处约21.5cm

处理边缘、安装提手

14 把竖绳从第1行或者第2行插进内侧的编绳里。

提手位置（●）的竖绳不折叠

折叠

13 把竖绳像是包裹着最上面1行编绳一样朝内侧折叠。

15 把所有的⑪边缘装饰绳放在切割垫上，把24根编绳分成3股，每股8根，进行3股绳编织。把36根⑫提手装饰绳分成3股，每股12根，进行3股绳编织。

>> 参照第40页3股绳编织法

进行3股绳编织

胶带　　　分成3股

⑪边缘装饰绳分成3股，每股8根
⑫提手装饰绳分成3股，每股12根

边缘用的长86cm
提手用的长40cm

16 把1根⑬提手绳的两端如图所示裁剪。

3股宽
6股宽
3股宽

10cm

裁剪

40cm

⑬提手绳

步骤**16**中的提手绳

重叠粘贴固定

⑬提手绳

粘贴

竖绳

把两端插进编绳里

2.5cm

2.5cm

2.5cm

〈主体外侧〉

17 把1根没有裁剪的⑬提手绳两端插进边缘内侧的编绳里。粘贴没有折叠的竖绳。

18 和步骤**16**中的提手绳重叠粘贴固定。

19 上面再重叠粘贴固定1根⑬提手绳。

20 把⑬提手绳和步骤**15**中的⑫提手装饰绳的中心处对齐，整体粘贴固定。

把两端插进编绳里

⑫提手装饰绳

⑬提手绳

2.5cm

裁剪掉多余的部分

21 边缘内侧粘贴上步骤**15**中的⑪边缘装饰绳，注意从外侧能看见一半就可以了。

两端重叠粘贴固定

提手

看见一半边缘装饰绳

〈主体外侧〉

完成

约15cm

约23cm

约15cm

约27.5cm

约20cm

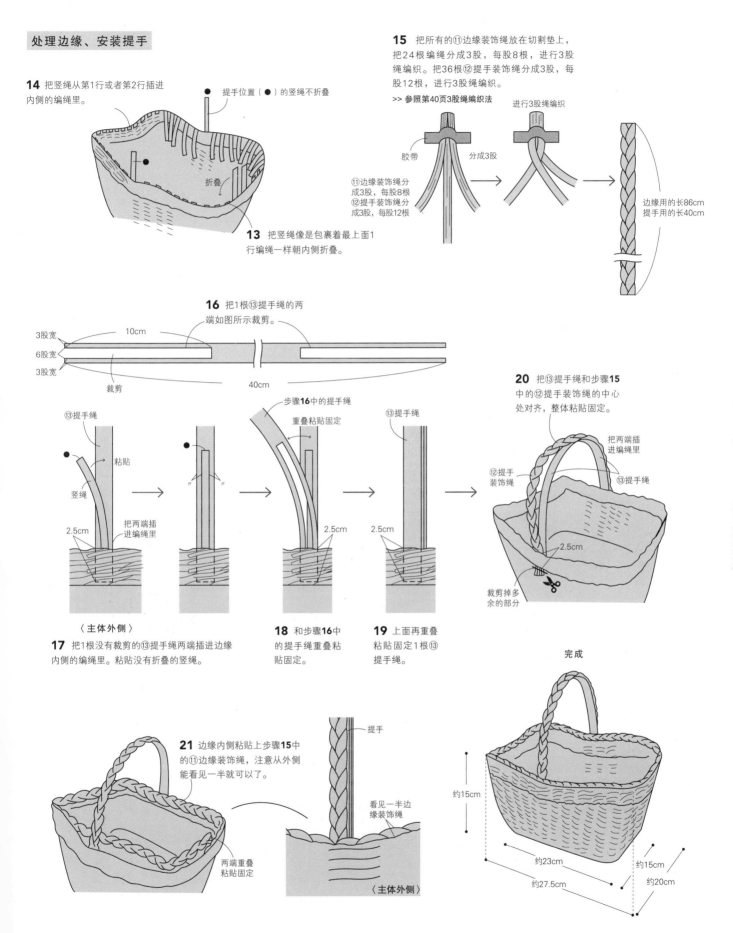

迷你提篮e　彩图>>第24页

● **材料**

纸藤（No.40/茶绿色）…80cm

● **需要准备的相应股数和根数的纸藤**

①竖绳　　　　3股宽　8根 长10cm
②编绳　　　　2股宽　2根 长80cm
③边缘内用绳　5股宽　1根 长13cm
④边缘外用绳　5股宽　1根 长14cm
⑤边缘钉缀绳　1股宽　1根 长53cm
⑥提手绳　　　2股宽　1根 长17cm
⑦提手缠绕绳　1股宽　1根 长53cm

● **平面裁剪图**　　■=多余部分

〔80cm〕茶绿色

- ①3股宽 长10cm
- ②2股宽 长80cm
- ②
- ⑤1股宽 长53cm
- ⑦1股宽 长53cm
- ③5股宽 长13cm
- ④5股宽 长14cm
- ⑥2股宽 长17cm
- 80cm

● **制作方法**

裁剪、分割纸藤

参照平面裁剪图，裁剪、分割指定长度的纸藤。
在①竖绳的中心处做上标记。

>> 参照第27页裁剪、分割纸藤

编织圆形底部

>> 参照第29页圆形底部

1 把2根①竖绳十字交叉摆放。把剩余的①竖绳也按照同样的方法摆放。共计做4组，如图所示摆放并粘贴固定。

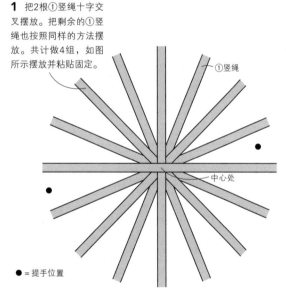

- ①竖绳
- 中心处
- ●=提手位置

2 使用2根②编绳进行1圈（2行）直编。编绳暂不裁剪。

>> 参照第33页直编法

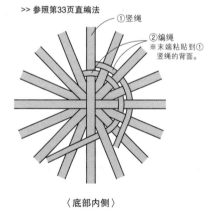

- ①竖绳
- ②编绳 ※末端粘贴到①竖绳的背面
- 〈底部内侧〉

编织侧面

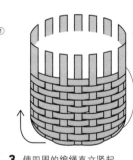

4 继续使用步骤**2**中的②编绳进行5圈（10行）直编。裁剪掉多余的部分，末端粘贴到内侧。

3 使四周的编绳直立竖起，成为竖绳。

>> 参照第31页竖起编绳

处理边缘

5 在边缘的内侧粘贴1圈③边缘内用绳，两端对接粘贴固定。

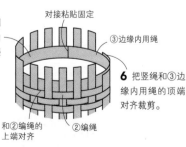

- 对接粘贴固定
- ③边缘内用绳
- **6** 把竖绳和③边缘内用绳的顶端对齐裁剪。
- 和②编绳的上端对齐
- ②编绳

7 在边缘外侧粘贴1圈④边缘外用绳，两端重叠粘贴固定。

- ③边缘内用绳
- 顶端对齐
- ④边缘外用绳

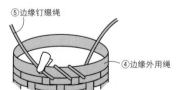

- ⑤边缘钉缀绳
- ④边缘外用绳
- **8** 把⑤边缘钉缀绳如图所示斜着缠绕边缘1圈。末端在边缘内侧重叠0.5cm，裁剪、粘贴固定。

安装提手

9 把⑥提手绳的两端在提手位置（●）从外侧穿向内侧。两侧底部空出0.8cm后粘贴固定。

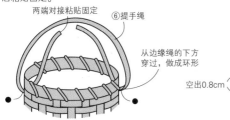

两端对接粘贴固定
⑥提手绳
从边缘绳的下方穿过，做成环形

10 参照第13页的步骤**19、20**，把⑦提手缠绕绳缠到⑥提手绳上，安装好提手。

中心处
⑦提手缠绕绳
⑥提手绳
空出0.8cm
空出0.8cm

完成

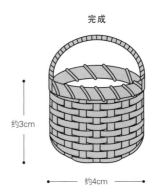

约3cm
约4cm

迷你提篮c　彩图>>第24页

● 材料

纸藤（No.32/黑茶色）…80cm
纸藤（No.29/鸭跖草蓝色）…22cm

● 需要准备的相应股数和根数的纸藤
※指定颜色以外采用黑茶色。

①竖绳	3股宽	8根	长15cm
②编绳	1股宽	2根	长80cm
③编绳	6股宽	4根	长11cm 鸭跖草蓝色
④编绳	1股宽	1根	长80cm
⑤提手绳	2股宽	1根	长15cm
⑥提手缠绕绳	1股宽	1根	长50cm

● 平面裁剪图　■=多余部分

〔80cm〕黑茶色

①1股宽 长80cm
④1股宽 长80cm
①3股宽 长15cm
⑥1股宽 长50cm
⑤2股宽 长15cm
80cm

〔22cm〕鸭跖草蓝色

③
⑥6股宽 长11cm
22cm

● 制作方法

裁剪、分割纸藤

参照平面裁剪图，裁剪、分割指定长度的纸藤。
在①竖绳的中心处做上标记。
>> 参照第27页裁剪、分割纸藤

编织圆形底部
>> 参照第29页圆形底部

1 把2根①竖绳十字交叉摆放。把剩余的①竖绳也按照同样的方法摆放。共计做4组，如图所示摆放并粘贴固定。使用2根②编绳进行3圈紧凑型扭编。②编绳暂不裁剪。
>> 参照第34页扭编法

●=提手位置
〈底部内侧〉

①竖绳
②编绳
中心处
约3cm

编织侧面

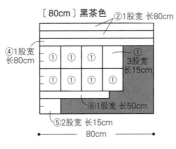

2 使四周的编绳直立竖起，成为竖绳。
>> 参照第31页竖起编绳

3 使用1根③编绳进行套编。
>>参照第32页套编法

4 继续使用步骤**1**中的②编绳进行1行扭编，再用1根③编绳进行套编，如此重复3次。裁剪掉多余的部分，末端粘贴到内侧。
※②编绳在内侧斜着编织。

③编绳
②编绳

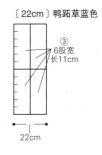

④编绳在开始编织之前，在中心处对折，如图所示绕过竖绳，进行扭编

5 使用1根④编绳进行3行扭编。裁剪掉多余的部分，末端粘贴到内侧。

②编绳

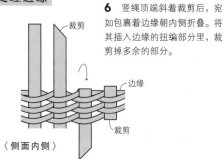

6 竖绳顶端斜着裁剪后，宛如包裹着边缘朝内侧折叠。将其插入边缘的扭编部分里，裁剪掉多余的部分。

裁剪

裁剪

边缘

裁剪

〈侧面内侧〉

安装提手

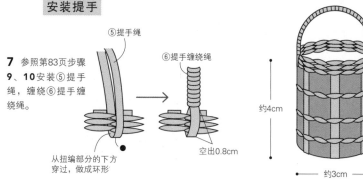

⑤提手绳

⑥提手缠绕绳

7 参照第83页步骤
9、**10** 安装⑤提手绳，缠绕⑥提手缠绕绳。

从扭编部分的下方穿过，做成环形

空出0.8cm

完成

约4cm

约3cm

a

b

d

迷你提篮a、b、d　彩图>>第24页

● 材料
a　纸藤（No.2/白色）…70cm
b　纸藤（No.33/核桃色）…140cm
d　纸藤（No.32/黑茶色）…70cm

● 需要准备的相应股数和根数的纸藤

a			
①横绳	2股宽	1根	长15cm
②横绳	4股宽	2根	长3cm
③收尾绳	4股宽	4根	长1.2cm
④竖绳	2股宽	3根	长14cm
⑤编绳	2股宽	2根	长70cm
⑥提手绳	2股宽	2根	长30cm

b			
①横绳	2股宽	1根	长15cm
②横绳	4股宽	2根	长3cm
③收尾绳	4股宽	4根	长1.2cm
④竖绳	2股宽	3根	长14cm
⑤编绳	1股宽	2根	长140cm
⑥提手绳	2股宽	2根	长30cm

d			
①横绳	2股宽	1根	长15cm
②横绳	4股宽	2根	长4cm
③收尾绳	4股宽	4根	长1.2cm
④竖绳	2股宽	3根	长14cm
⑤编绳	2股宽	2根	长70cm
⑥提手绳	2股宽	2根	长30cm

● 平面裁剪图　　■ ＝多余部分

a〔70cm〕白色

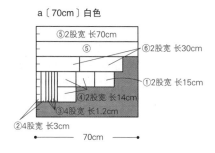

⑤2股宽 长70cm
⑤
⑥2股宽 长30cm
①2股宽 长15cm
④2股宽 长14cm
③4股宽 长1.2cm
②4股宽 长3cm
70cm

d〔70cm〕黑茶色

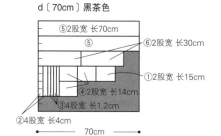

⑤2股宽 长70cm
⑤
⑥2股宽 长30cm
①2股宽 长15cm
④2股宽 长14cm
③4股宽 长1.2cm
②4股宽 长4cm
70cm

b〔140cm〕核桃色

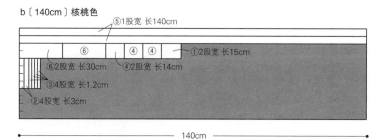

⑤1股宽 长140cm
⑥
④ ④
①2股宽 长15cm
⑥2股宽 长30cm
④2股宽 长14cm
③4股宽 长1.2cm
②4股宽 长3cm
140cm

● 制作方法见第37页

第25页迷你提篮针插的制作方法

1 把2块直径7cm的圆形布正面相对对齐缝合，留出返口。

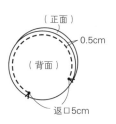

（正面）
0.5cm
（背面）
返口5cm

2 通过返口翻到正面，塞入手工艺品用纤维棉，缝合返口。

（正面）

3 迷你提篮e的边缘内侧0.5cm部分涂上黏合剂，把步骤**2**的部件放进去，注意隐藏缝合口。

大款水珠花纹提篮 彩图>>第11页

● 材料

纸藤（No.4/红色A）30m卷 …1卷
纸藤（No.34/杏色）5m卷 … 2卷

● 需要准备的相应股数和根数的纸藤

※指定颜色以外采用红色A。

①横绳	6股宽	3根 长50cm 杏色
②横绳	6股宽	2根 长50cm
③横绳	8股宽	4根 长15cm
④竖绳	6股宽	5根 长42cm
⑤竖绳	6股宽	4根 长42cm 杏色
⑥收尾绳	6股宽	2根 长7.5cm
⑦编绳	2股宽	2根 长340cm
⑧插入绳	6股宽	4根 长17cm

⑨插入绳	6股宽	4根 长17cm 杏色
⑩编绳	4股宽	12根 长62cm
⑪编绳	4股宽	17根 长62cm 杏色
⑫边缘外用绳	12股宽	1根 长63cm
⑬边缘处理绳	2股宽	1根 长62cm
⑭边缘内用绳	12股宽	1根 长61cm
⑮提手内用绳	8股宽	2根 长55cm
⑯提手外用绳	8股宽	2根 长56cm
⑰提手缠绕绳	2股宽	2根 长290cm

● 平面裁剪图　■ =多余部分

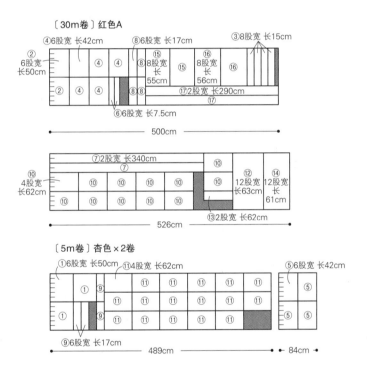

● 制作方法见第12页

椭圆耳朵提篮　　彩图>>第14页

● 材料

纸藤（No.33/核桃色）30m卷 … 1卷

● 需要准备的相应股数和根数的纸藤

①横绳	6股宽	6根	长43cm	
②横绳	8股宽	4根	长11cm	
③竖绳	6股宽	14根	长56cm	
④收尾绳	6股宽	4根	长4cm	
⑤编绳	2股宽	4根	长330cm	
⑥插入绳	6股宽	8根	长8cm	
⑦插入绳	6股宽	8根	长26cm	

⑧竖绳	6股宽	27根	长40cm	
⑨边缘中心绳	2股宽	2根	长40cm	
⑩边缘外用绳	6股宽	2根	长40cm	
⑪边缘内用绳	12股宽	1根	长61cm	
⑫提手内用绳	6股宽	2根	长65cm	
⑬提手外用绳	6股宽	2根	长66cm	
⑭提手缠绕绳	2股宽	2根	长280cm	

● 平面裁剪图　■=多余部分

〔30m卷〕核桃色

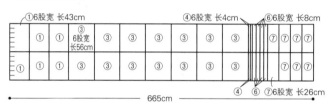

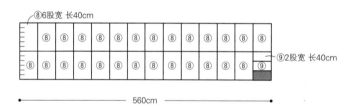

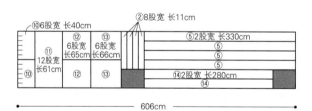

● 制作方法见第16页

梯形提篮　彩图>>第4页

● **材料**

纸藤（No.1A/奶油色）30m卷 …1卷

● **需要准备的相应股数和根数的纸藤**

①横绳　6股宽　7根 长70cm
②横绳　10股宽　6根 长24cm
③竖绳　6股宽　13根 长60cm
④收尾绳　6股宽　2根 长12.5cm
⑤编绳　2股宽　2根 长410cm
⑥插入绳　6股宽　8根 长24cm
⑦编绳　6股宽　2根 长530cm
⑧编绳　1股宽　4根 长600cm

⑨编绳　2股宽　3根 长100cm
⑩编绳　3股宽　2根 长600cm
⑪编绳　2股宽　3根 长100cm
⑫边缘内用绳　8股宽　1根 长76cm
⑬提手内用绳　8股宽　2根 长75cm
⑭提手外用绳　8股宽　2根 长76cm
⑮提手缠绕绳　2股宽　2根 长450cm

● **平面裁剪图**　■=多余部分

〔30m卷〕奶油色

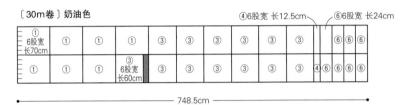

748.5cm

820cm

⑦6股宽 长530cm
⑦

530cm

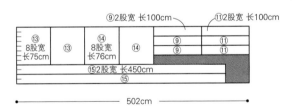

502cm

● **制作方法见第38页**

KAMIBANDO DE TSUKURU HOMERARE KAGO（NV80519）
Copyright © NIHON VOGUE-SHA 2016 All rights reserved.
Photographers: YUKARI SHIRAI, NORIAKI MORIYA
Original Japanese edition published in Japan by NIHON VOGUE CO., LTD.,
Simplified Chinese translation rights arranged with BEIJING BAOKU
INTERNATIONAL CULTURAL DEVELOPMENT Co., Ltd.

版权所有，翻印必究
备案号：豫著许可备字–2016–A–0366

川村智子
手工制作家。擅长裁缝、手织等多样手艺，制作出了很多实用的生活用品。其作品朴素却不失个性。

Kirimo
手工艺人。擅长使用自然材料设计和编织篮子、箱子等非常实用的生活用品。

古木明美
2000年开始制作作品，现在主要从事图书、杂志的创意工作，同时在文化学校、画室担任讲师。宝库学院讲师。著有《用纸藤手编提篮》。

图书在版编目（CIP）数据

用纸藤编织25款时尚素雅的提篮/日本宝库社编著；陈亚敏译. —郑州：河南科学技术出版社，2020.1（2021.10重印）
ISBN 978-7-5349-9711-2

Ⅰ.①用… Ⅱ.①日… ②陈… Ⅲ.①纸工–编织 Ⅳ.①TS935.54

中国版本图书馆CIP数据核字（2019）第217459号

出版发行：河南科学技术出版社
地址：郑州市郑东新区祥盛街27号　邮编：450016
电话：(0371) 65737028　65788613
网址：www.hnstp.cn
策划编辑：刘　欣
责任编辑：葛鹏程
责任校对：王晓红
封面设计：张　伟
责任印制：张艳芳
印　　刷：郑州新海岸电脑彩色制印有限公司
经　　销：全国新华书店
开　　本：889 mm×1194 mm　1/16　印张：5.5　字数：150千字
版　　次：2020年1月第1版　2021年10月第2次印刷
定　　价：39.00元

如发现印、装质量问题，影响阅读，请与出版社联系并调换。